1

L'ITALIA CHE VA A MOLLO

Perché ci ritroviamo sempre con l'acqua al collo e come uscirne

di Gino "Stivali di Gomma" Senzafiltro (uno che ne ha le scatole piene di vedere l'Italia che affoga)

DUE PAROLE PRIMA DI COMINCIARE

Oh raga, qui bisogna parlare chiaro: l'Italia sta andando a farsi friggere per colpa dell'acqua. Sì, proprio quella roba che ci serve per vivere adesso ci sta facendo un mazzo tanto.

Lo so che sta cosa può sembrare una palla, tipo quando a scuola ti facevano studiare quelle robe noiosissime. Ma qua è diverso: sto libro l'ho scritto perché non se ne può più di vedere gente che perde casa, macchina e pure i ricordi di famiglia ogni volta che viene giù quattro gocce.

Non sono qui a fare il professorone c a raccontarvi le solite menate. Dietro ogni numero e statistica che trovate in queste pagine ci sono persone vere: il panettiere che ha perso il negozio, la famiglia che s'è trovata il salotto come una piscina, il contadino che ha visto il campo trasformarsi in un lago.

E non pensate che vi voglia fare il menagramo della situazione. Il punto è che dobbiamo darci una svegliata, e pure alla svelta. Non possiamo continuare a fare come gli struzzi che mettono la testa sotto la sabbia (anche perché con tutta st'acqua, la sabbia è bella bagnata).

Nelle pagine che seguono vi spiego per filo e per segno:

- Perché siamo in questo casino
- Chi ha fatto le peggio cavolate
- Come il clima ci sta facendo lo sgambetto
- E soprattutto, come cavolo possiamo uscirne

Questo libro non è roba solo per quelli con la puzza sotto il naso o la laurea appesa al muro. È scritto per tutti: dal muratore all'impiegata, dalla casalinga al ragazzino che va ancora a scuola. Perché qua o ci muoviamo tutti insieme o la prossima volta che piove forte ci troviamo tutti a mollo.

Non vi prometto miracoli o soluzioni magiche. Non sono mica Harry Potter. Ma vi giuro che se leggete 'ste pagine con un minimo di attenzione, alla fine avrete capito perché l'Italia finisce sempre sott'acqua e cosa possiamo fare per evitare che la prossima volta ci tocchi nuotare per andare a fare la spesa.

E ricordatevi una cosa: ogni volta che vedete in TV le immagini di case allagate e gente disperata, non è mica colpa del destino cinico e baro. È che per anni abbiamo fatto le cose alla carlona, costruendo dove non si doveva e fregandocene delle conseguenze.

Ora basta con le chiacchiere. Mettetevi comodi (possibilmente in un posto asciutto) e cominciamo questo viaggio nell'Italia che fa acqua da tutte le parti.

Gino (uno che spera che la prossima volta che piove non dovremo chiamare Noè)"

Prologo in versione ultra terra terra:

"COME SIAMO MESSI (MALE)

Novembre 2023: il Po s'era gonfiato come uno che ha mangiato troppa pasta. La pioggia veniva giù a secchiate, tipo quando ti dimentichi il rubinetto aperto ma mille volte peggio. Le sirene squillavano come pazze e la gente doveva scappare di casa con quattro stracci in mano e una fifa boia.

A Ferrara, la Maria (una povera crista come tanti) guardava la sua casa che sembrava l'acquario di Finding Nemo. Una foto di famiglia galleggiava in cucina come una barchetta, mentre tutto il resto andava a farsi benedire. Poco lontano, a Occhiobello, gli argini hanno fatto 'puff' e le strade son diventate tipo le rapide di un fiume in piena, con le macchine che andavano a spasso da sole.

E mica finisce qui! In Liguria era tutto un casino di frane. A Lavagna è venuto giù pure un ponte storico - non solo non si poteva più passare, ma s'è perso pure un pezzo di storia locale. Sulle colline di Genova la terra veniva giù come panna montata, seppellendo case e cristiani.

A Venezia? Mamma mia che bordello! L'acqua alta ha fatto il record, tipo alle olimpiadi ma molto meno divertente. Piazza San Marco sembrava una piscina e il MOSE (quella specie di diga super tecnologica che è costata un botto di soldi) faceva quello che poteva, ma contro il mare incazzato e il clima che fa i capricci c'è poco da fare.

Sta roba qua non è mica un caso isolato, tipo quando ti cade il gelato per terra. È il sintomo che qualcosa non va proprio per niente bene. Ogni goccia di pioggia in più, ogni pezzo di terra coperto col cemento, ogni politico che fa finta di niente... tutto contribuisce a trasformare una semplice pioggerella in un casino apocalittico.

L'Italia, con tutte le sue montagne, valli e storia millenaria, è arrivata a un bivio: da una parte abbiamo il clima che sta dando i numeri (e non quelli del lotto), dall'altra dobbiamo decidere se continuare a fare gli struzzo o darci una regolata su come trattiamo il nostro territorio.

Questo libro vuole spiegare tutto il casino nei dettagli. Non per farvi venire l'ansia, ma per capire come siamo finiti in questa zuppa e soprattutto come cavolo possiamo uscirne.

Le storie della Maria, della gente di Occhiobello, dei genovesi con le frane nel giardino e dei veneziani con gli stivali sempre pronti non sono solo cronache di sfiga. Sono un calcio nel sedere per svegliarci e il punto di partenza per fare qualcosa.

Nelle pagine che seguono faremo un giro nell'Italia che fa acqua da tutte le parti. Non per piangere sul latte (o sull'acqua) versato, ma per capire come evitare che la prossima volta ci tocchi costruire un'arca come Noè.

Perché solo quando avremo capito perché siamo in questo pantano potremo sperare di tirarci fuori e fare in modo che l'acqua torni a essere un'amica invece che una rottura di scatole."

CAPITOLO 1 LA GEOGRAFIA ITALIANA: UN CASINO NATO MALE

Raga, prima di dare la colpa a qualcuno per tutti sti allagamenti, dobbiamo capire una cosa fondamentale: l'Italia è proprio nata storta di suo. È come quando compri un mobile all'IKEA e ti accorgi che i pezzi non combaciano - anche se sei il miglior montatore del mondo, qualche problema ce l'avrai per forza.

Cominciamo dalle Alpi, quelle montagnone che stanno lassù a nord. Belle da vedere, ottime per sciare, ma sono un bel grattacapo. E sapete perché? Lassù ci stanno i ghiacciai che con sto caldo della malora si stanno sciogliendo come un Maxibon dimenticato al sole. Tutta quell'acqua deve andare da qualche parte, e indovinate dove finisce? Esatto: nei fiumi sotto, che quando si riempiono troppo fanno un macello della madonna.

Poi abbiamo la Pianura Padana, quel pezzo d'Italia bello piatto dove hanno piazzato Milano, Torino e tutti gli altri. Sembra il posto perfetto per costruirci sopra, vero? E invece no! È tutta terra che nei secoli il Po e i suoi amici fiumi hanno portato giù dalle montagne. In pratica è come aver costruito intere città su quello che una volta era un mega pantano. Geniale proprio!

E che vi devo dire degli Appennini? Quella specie di spina dorsale storta che attraversa l'Italia dalla Liguria fino giù in Calabria. Bei monti eh, ma sono giovani e un po' ballerini dal punto di vista geologico. Sono tipo come quando fai le costruzioni con la sabbia bagnata - basta un po' di pioggia e viene giù tutto.

Le coste? Mamma mia che storia! Abbiamo 7.600 chilometri di problemi. Con il mare che si alza sempre di più (grazie al riscaldamento globale, grazie tante), è come avere una vasca da bagno che trabocca piano piano. E chi sta sulla costa (che in Italia sono una marea di persone) prima o poi si troverà con i piedi a mollo.

Ma il bello deve ancora venire: sotto terra c'è un casino assurdo di falde acquifere, grotte e fiumi sotterranei. È come avere un impianto idraulico fatto da un idraulico ubriaco - l'acqua va dove le pare e a volte esce nei posti più impensabili. Altre volte il terreno si abbassa all'improvviso perché sotto è tutto vuoto, tipo formaggio svizzero.

Come se non bastasse, ci abbiamo pure i vulcani! Il Vesuvio, l'Etna e tutta la combriccola non sono solo belle cartoline da mandare ai parenti - sono delle pentole a pressione naturali che quando si agitano possono fare un bordello assurdo con l'acqua e il terreno intorno.

Il clima poi ci mette il carico da undici: in certe zone piove come se non ci fosse un domani (tipo sulle Alpi Apuane dove vengono giù tipo 3000 millimetri d'acqua all'anno - praticamente vivono sotto la doccia), mentre in altre parti, tipo in Sicilia, non vedi una goccia manco a pagarla oro.

E poi ci sono ste zone che chiamano "bacini endoreici" (parolone da professoroni per dire "buchi senza uscita"). Il più famoso è il lago Trasimeno, ma ce ne sono un sacco, soprattutto nel centro Italia. Quando piove forte, ste zone diventano tipo delle piscine naturali senza scarico - e indovinate un po' chi ci ha costruito sopra? Bravi, noi!

Sotto terra poi è tutto un formicaio di rocce diverse. Alcune sono come delle spugne e assorbono l'acqua, altre sono dure come il marmo e la fanno scivolare via. È come avere un pavimento fatto metà di carta assorbente e metà di plastica - un casino totale!

Le falde acquifere (cioè l'acqua che sta sotto terra) sono un altro grattacapo mica da ridere. A forza di pompare acqua come dei matti, in certi posti il terreno si sta abbassando. È come quando butti giù una casa e non riempi il buco - prima o poi qualcosa deve sprofondare.

E sapete qual è la ciliegina sulla torta? L'attività vulcanica! Non solo abbiamo i vulcani sopra terra, ma pure sotto stanno a fare casino. Cambiano la temperatura dell'acqua, spostano le rocce, creano terremoti - insomma, un party geologico continuo.

Ma noi, testoni come pochi, che abbiamo fatto? Ci siamo piazzati proprio nei posti più pericolosi! Abbiamo costruito case dove non si doveva, coperto i fiumi con cemento e asfalto, fatto palazzi in zone che madre natura aveva pensato come spugne naturali per l'acqua in eccesso.

È come se avessimo preso una macchina già scassata di suo, l'avessimo caricata troppo e poi guidata come pazzi su una strada piena di buche. Prima o poi qualcosa deve per forza andare storto!

Ma non vi sto raccontando tutte ste rogne per farvi venire l'ansia o per farvi trasferire in Svizzera (anche se lì almeno le montagne stanno ferme). Ve lo dico perché dobbiamo metterci in testa che l'Italia è fatta così - non possiamo cambiarla. Quello che possiamo fare è smettere di peggiorare la situazione e cominciare a usare il cervello quando decidiamo dove e come costruire le nostre città.

La cosa più assurda è che sta fragilità naturale la conosciamo da secoli. I nostri nonni lo sapevano benissimo dove non conveniva costruire. Ma poi sono arrivati il boom economico, la speculazione edilizia, e la voglia di fare soldi facili. E così ci siamo dimenticati che la natura, prima o poi, presenta sempre il conto.

Ricordatevi una cosa fondamentale: quando si parla di disastri naturali in Italia, di naturale c'è solo la predisposizione. Il casino vero lo facciamo noi quando ci dimentichiamo che questa terra, bella come il sole ma fragile come un cristallo, va trattata con un minimo di rispetto.

CAPITOLO 2 IL CLIMA CHE CI FA LE CRESTE: COME LE INONDAZIONI SONO DIVENTATE UNA ROTTURA QUOTIDIANA

Raga, ora vi devo parlare di una cosa che ci sta facendo friggere (letteralmente): il clima che sta dando i numeri come un matematico impazzito. L'Italia, che già di suo è messa male come abbiamo visto, con sta storia del cambiamento climatico sta proprio nella cacca fino al collo.

Vi sparo subito dei numeretti che fanno venire il mal di testa: negli ultimi cinquant'anni la temperatura in Italia è salita di più di 1 grado. Sembra poco? È come quando hai la febbre: anche mezzo grado in più e sei già nella merda. E noi di gradi ne abbiamo alzati più di uno, soprattutto sulle Alpi dove i ghiacciai si stanno sciogliendo come gelati dimenticati al sole.

Ma il vero casino non è tanto il caldo - è che il tempo è diventato tutto matto. Prima sapevi che in autunno pioveva, in inverno nevicava, in estate faceva caldo e via dicendo. Adesso? È come giocare alla roulette russa con le stagioni. Ti svegli la mattina e non sai se ti serve il costume da bagno o l'ombrello.

Le famose "bombe d'acqua" (che nome del cavolo hanno inventato i giornalisti) sono diventate più comuni del caffè al bar. Sono quelle piogge assurde che in due ore ti buttano giù l'acqua che prima vedevi in sei mesi. E indovinate un po' che succede quando viene giù tutta st'acqua insieme? Esatto: casino totale.

Vi faccio un esempio che fa accapponare la pelle: nell'ottobre 2021, in Liguria, in 12 ore è venuta giù più acqua di quella che vede Torino in un anno intero. È come se qualcuno lassù avesse aperto tutti i rubinetti insieme e buttato via la chiave.

Ma il bello (si fa per dire) è che non è solo questione di pioggia forte. Sta succedendo un casino ancora più assurdo: quando non piove, non piove proprio per niente. Tipo che hai la siccità che spacca le palle per mesi, la terra diventa dura come il marmo, e poi quando finalmente piove è pure peggio! Perché? Perché il terreno è talmente secco che l'acqua invece di essere assorbita ci scivola sopra come sul culo di una papera.

E poi c'è la storia del mare che si alza. Non è che un giorno ti svegli e ti trovi Venezia come Atlantide, ma piano piano il livello sale. Gli scienziati dicono che entro fine secolo il Mediterraneo potrebbe alzarsi di più di un metro. Un metro non vi sembra tanto? Provate a chiedere a uno che abita al piano terra a Venezia che ne pensa...

Il MOSE, quella specie di diga super tecnologica che hanno fatto a Venezia e che è costata più della finanziaria, già adesso fa fatica a tenere botta. È come aver comprato un ombrello super costoso per poi scoprire che sta arrivando un uragano.

Ma la vera pizza è che tutti questi cambiamenti stanno succedendo molto più velocemente di quanto pensavamo. È come essere su una macchina che accelera sempre di più mentre i freni fanno sempre meno effetto. Bella situazione, eh?

E non è finita qui! Nelle Alpi sta succedendo un bordello che manco nei film catastrofici. I ghiacciai, che sono tipo dei giganteschi frigoriferi naturali che tengono l'acqua al fresco, si stanno sciogliendo come neve al sole (scusate il gioco di parole del cavolo). Nel 2020, in Val Ferret, hanno dovuto evacuare tutti perché un pezzo di ghiacciaio minacciava di venire giù come una valanga d'acqua. Bei momenti, proprio.

La vegetazione poi sta andando nel pallone totale. Le piante che erano abituate a stare in un posto ora non ci possono più stare perché fa troppo calco, quelle che dovrebbero crescere in un certo periodo dell'anno non capiscono più quando devono spuntare. È come se la natura stesse giocando a Risiko ma qualcuno continuasse a cambiare le regole mentre gioca.

E poi ci sono gli incendi, che con sto caldo sono diventati più frequenti di una pubblicità su YouTube. Quando un bosco va a fuoco non è solo un problema per gli alberi: il terreno diventa come una pietra e quando piove forte l'acqua ci scivola sopra come su uno scivolo. Indovinate dove va a finire? Giusto, dritta dritta nelle città sotto.

Ma il casino più grosso è che tutti questi cambiamenti stanno mandando a puttane tutti i nostri calcoli. Gli ingegneri che progettano argini, fogne e tutte le altre opere idrauliche si basavano su dati tipo "la pioggia più forte degli ultimi cent'anni". Ma ora? Ora ogni due per tre arriva una pioggia che batte tutti i record. È come giocare a calcio dove la porta continua a spostarsi: come cavolo fai a fare goal?

Ok raga, ora arriva la parte che fa più incazzare: cosa stiamo facendo per affrontare sto casino? Beh, è come quando hai una perdita in casa: alcuni stanno ancora discutendo se c'è davvero l'acqua sul pavimento, altri chiamano l'idraulico ma solo dopo che il piano di sotto è allagato.

Per fortuna qualcuno si sta svegliando. In alcune città stanno facendo delle robe che chiamano "infrastrutture verdi", che in parole povere vuol dire creare delle super spugne naturali in città. Milano per esempio sta facendo dei parchi che quando piove forte diventano come delle piscine controllate - molto meglio che avere l'acqua in cantina, no?

Stanno anche spuntando dei sistemi di allarme più smart. Una volta ti dicevano "domani piove" e bona. Adesso ci sono dei computer potentissimi che ti sanno dire "tra due ore in via Pippo dei Topi verrà giù il finimondo". Non è che risolve il problema, ma almeno ti puoi preparare!

Ma la verità è che non basta mettere delle pezze qua e là. È come quando hai una macchina vecchia che perde colpi: o cambi il motore o prima o poi ti lascia a piedi. E il "motore" in questo caso è il nostro modo di vivere che sta facendo impazzire il clima.

La cosa più assurda è che continuiamo a costruire e vivere come se niente fosse. È come organizzare un picnic mentre vedi arrivare il temporale e dire "ma sì, tanto passa". Spoiler: non passa, anzi peggiora!

E sapete qual è la ciliegina sulla torta? Tutto questo casino colpisce di più chi ha meno soldi. Se sei ricco ti compri la casa in collina con tutti i sistemi anti-allagamento, se sei povero ti tocca il seminterrato che si allaga ogni due per tre. Bella giustizia, eh?

Quindi che si fa? Prima di tutto bisogna mettersi in testa che il clima che conoscevamo non c'è più, è andato, kaputt, sayonara! Dobbiamo ripensare TUTTO: come costruiamo le case, come gestiamo l'acqua, dove mettiamo le città. È come dover reimparare a guidare, ma con una macchina che ogni tanto fa quello che le pare.

La buona notizia? Se ci svegliamo ora qualcosa possiamo ancora fare. La brutta? Se continuiamo a fare finta di niente, la prossima volta che piove forte potremmo dover chiamare Noè per un consiglio sul design delle barche.

CAPITOLO 3 COME ABBIAMO FATTO CASINO CON IL CEMENTO: L'URBANIZZAZIONE ALLA CAZZO DI CANE

Raga, mettetevi comodi che ora vi racconto come abbiamo trasformato l'Italia in una gigantesca colata di cemento, e perché questo è un problema della madonna quando piove.

Pensate all'Italia, bella come il sole con i suoi paesaggi da cartolina. Poi pensate a cosa ne abbiamo fatto nell'ultimo secolo: è come quando dai una Ferrari a un quindicenne senza patente - sai già che finisce male.

Tutto è cominciato col boom economico degli anni '50-'60. La gente si è spostata in massa dalle campagne alle città, tipo formiche impazzite. E noi cosa abbiamo fatto? Invece di pensarci un attimo, abbiamo cominciato a costruire come dei forsennati, dovunque capitava, senza fare troppe domande.

Vi faccio un esempio che fa venire i brividi: Genova. Sta città è incastrata tra il mare e delle montagne ripide come una scala da pompieri. Logica vorrebbe che ci costruisci con un minimo di criterio, no? E invece no! Hanno tirato su palazzi ovunque, coperto i torrenti, asfaltato ogni angolo libero. Risultato? Ogni volta che piove forte è come giocare alla roulette russa con l'acqua.

Ma Genova non è l'unica ad aver fatto cavolate. Guardate Milano: una volta c'erano un sacco di canali che aiutavano a far defluire l'acqua. Che fine hanno fatto? Li hanno coperti tutti! È come tapparsi il naso e la bocca e poi lamentarsi che non si respira. Geniale proprio!

E che dire delle coste? Madonna santa, lì abbiamo fatto proprio il botto. Ogni metro di spiaggia libera è stato visto come un'occasione per tirare su appartamenti, alberghi, stabilimenti balneari. Le dune? Spianate. La vegetazione naturale? Sayonara baby! Ora ci ritroviamo con delle città sulla spiaggia che quando c'è la mareggiata sembrano Venezia, ma senza il fascino.

Il bello è che continuiamo a fare gli stessi errori. È come quando ti sbronzi, il giorno dopo stai da cani e giuri "mai più", poi il weekend dopo ricominci. Ogni volta che c'è un'alluvione tutti a dire "mai più costruire nelle zone a rischio", poi passa qualche mese e zac! - nuovo cantiere in zona alluvionale.

Il problema è che tutto questo cemento ha creato un effetto del cavolo: quando piove, l'acqua non sa più dove andare. Una volta c'era la terra che la assorbiva, ora trova solo asfalto e cemento. È come versare una bottiglia d'acqua su un tavolo di marmo - per forza che poi finisce tutto per terra!

E poi c'è la storia delle fogne. Eh sì, perché tutti sti palazzi devono pure scaricare da qualche parte! I sistemi fognari delle nostre città sono come le mutande della nonna: vecchi e non più adatti alla situazione. Sono stati progettati quando pioveva "normale", non quando viene giù il diluvio universale ogni due per tre.

Il problema più grosso è che abbiamo costruito un sacco di quartieri in zone che madre natura aveva pensato come "zone di sfogo" per i fiumi. È come quando occupi il posto macchina di un vicino incazzoso: prima o poi quello si vendica. E i fiumi, quando si incazzano, fanno danni della madonna.

Vi faccio un esempio da far accapponare la pelle: la Pianura Padana. Quel posto è praticamente una gigantesca vasca da bagno naturale. I nostri nonni lo sapevano e infatti costruivano case rialzate, con sistemi di canali ben studiati. Noi invece? Abbiamo fatto palazzoni, capannoni, centri commerciali come se stessimo giocando a Monopoli. Bei geni!

E non parliamo delle aree industriali. Le abbiamo piazzate proprio dove non si doveva: vicino ai fiumi (che comodo per scaricare!), in zone che una volta erano paludi (tanto che sarà mai?), sotto colline franose (vabbè, prima o poi la collina si stancherà di venire giù, no?).

Ma il premio "Genio del Male" va a chi ha pensato bene di costruire nei letti dei fiumi prosciugati. È come mettersi a dormire sui binari del treno pensando "tanto oggi non passa". Poi arriva la piena e sono cazzi amari per tutti.

La cosa più assurda è che abbiamo pure delle leggi che dovrebbero impedire ste cavolate. I Piani di Assetto Idrogeologico (PAI per gli amici) ti dicono chiaramente dove non devi costruire. Ma sai com'è... si trova sempre il politico amico, la scappatoia, la deroga. È come il limite di velocità: c'è, ma quanti lo rispettano?

21

E sapete qual è la ciliegina sulla torta? Quando succede il disastro, indovinate chi paga? Tutti noi! Con le nostre tasse si ripagano i danni di decisioni prese alla cazzo di cane 30-40 anni fa. È come se il tuo vicino facesse una festa, ti spaccasse casa, e poi il condominio dovesse pagare i danni.

Ora qualcuno si sta svegliando. Stanno venendo fuori progetti tipo le "città spugna", dove si cerca di far respirare un po' il terreno invece di soffocarlo col cemento. Ci sono comuni che hanno cominciato a "de-impermeabilizzare" (parolone che vuol dire "togliamo un po' di cemento e ridiamogli della terra vera").

Ma è come cercare di svuotare il Titanic col cucchiaino: ci vuole un cambio di mentalità TOTALE. Non basta mettere due piante sul tetto e dire "eh ma noi siamo green". Bisogna proprio cambiare il modo di pensare la città.

E sapete qual è la cosa più da matti? Continuiamo a costruire come se il clima fosse quello di 50 anni fa. È come comprare vestiti estivi quando sta arrivando l'inverno nucleare. Non ha senso!

La verità è che dobbiamo fare una cosa che in Italia ci piace poco: PIANIFICARE. Non alla cazzo, non all'ultimo momento, non sotto pressione. Dobbiamo pensare le città come organismi vivi che devono convivere con l'acqua, non combatterla.

Altrimenti sapete che succede? La prossima volta che piove forte, invece di chiamare i pompieri dovremo chiamare direttamente l'Arca di Noè. E non sono sicuro che abbia ancora posti liberi!

CAPITOLO 4 I FIUMI INCAZZATI: COME ABBIAMO FATTO INCAVOLARE PURE L'ACQUA CHE SCORRE

Raga, ora vi devo parlare dei fiumi. Sapete, quelle cose blu che vedete sulle cartine che una volta erano la vita dell'Italia e che ora sono tipo dei mostri pronti a fare casino appena piove un po' troppo.

Prima di tutto, facciamo un piccolo ripasso storico, che non fa mai male. Gli antichi Romani (che non erano mica scemi) trattavano i fiumi come se fossero delle divinità. Noi moderni invece li trattiamo come delle fogne a cielo aperto. Bei progressi eh?

Il Po, il fiume più grosso d'Italia, è l'esempio perfetto di come abbiamo fatto casino. L'abbiamo stretto tra argini sempre più alti, tipo quando cerchi di infilare una cicciona in un vestito troppo stretto - prima o poi qualcosa si spacca. Una volta il Po poteva allargarsi quanto gli pareva quando era pieno, ora deve stare in un canale stretto come un tubo di dentifricio.

E indovinate un po'? Gli argini devono essere sempre più alti perché il letto del fiume si alza! È come quando accumuli troppa roba sotto al letto: prima o poi il materasso si alza così tanto che rischi di sbattere la testa sul soffitto. Il Po fa la stessa cosa, solo che invece di vecchie scarpe accumula sabbia e terra.

Ma non è solo il Po che abbiamo conciato per le feste. I torrenti della Liguria? Li abbiamo coperti come se fossero spazzatura sotto il tappeto. Il Bisagno a Genova è l'esempio perfetto: l'hanno coperto per farci passare le strade sopra, poi si stupiscono se quando piove forte esonda. È come tapparsi il naso e la bocca e poi lamentarsi che non si respira!

E che dire dei piccoli corsi d'acqua? Madonna santa, lì abbiamo fatto proprio il botto! Li abbiamo intubati, deviati, cementificati. È come prendere un tipo claustrofobico e chiuderlo in un armadio - prima o poi dà di matto!

Il bello è che poi ci lamentiamo se questi fiumi s'incazzano. Ma mettetevi nei loro panni: li abbiamo stretti, inquinati, riempiti di schifezze, gli abbiamo costruito sopra, gli abbiamo tolto lo spazio vitale... e pretendiamo pure che stiano buoni quando piove forte? Ma dai!

E sapete qual è la parte più assurda? Ogni comune, ogni regione, ogni ente fa come gli pare! È come se in una casa ognuno decidesse da solo dove far passare i tubi dell'acqua senza parlare con gli altri. Ve lo immaginate il casino?

E poi c'è la storia delle dighe. Roba che fa venire i brividi. Ne abbiamo costruite a pacchi negli anni del boom, quando sembrava che più grande = più meglio. Solo che ora molte sono vecchie come il cucco e hanno bisogno di manutenzione. È come avere una pentola a pressione arrugginita: prima o poi fa BOOM!

Il Vajont vi dice niente? Ecco, quella è stata la madre di tutte le cagate nella gestione dei fiumi. Ma mica abbiamo imparato la lezione! Continuiamo a pensare che possiamo comandare l'acqua come se fosse un cagnolino ammaestrato.

La manutenzione? Quella roba che dovresti fare regolarmente per evitare che le cose vadano a puttane? Naaaah, costa troppo! Meglio aspettare che succeda il disastro e poi piangere. È come non cambiare mai l'olio alla macchina e poi stupirsi se il motore va in pappa.

E i depuratori? Madonna santa, che storia triste! Molti sono vecchi e inadeguati, altri proprio non ci sono. Risultato? Quando piove forte, nei fiumi finisce di tutto. È come avere un water che quando tiri lo sciacquone invece di portare via la cacca te la sparge per tutta casa.

E ora arriva la parte più da matti: le "acque parassite". No, non sono dei piranha dell'Amazzonia che si sono persi in Italia. Sono tutte quelle acque che finiscono nelle fogne senza motivo: acqua di falda che s'infiltra, perdite degli acquedotti, roba così. È come avere una barca con più buchi di un colabrodo e chiedersi perché affondi.

Ma qualcuno sta cercando di dare una svegliata a sta situazione. Stanno venendo fuori progetti di "rinaturalizzazione" dei fiumi. In pratica, invece di tenerli ingabbiati come bestie al circo, gli ridanno un po' di spazio per muoversi. È come quando liberi un animale dallo zoo: all'inizio fa un po' paura, ma poi vedi che è molto meglio così.

Il progetto sull'Olona in Lombardia è un esempio. Hanno tolto un po' di cemento, hanno fatto delle aree dove il fiume può allargarsi quando è pieno, hanno rimesso delle piante sulle sponde. Non è che hanno risolto tutti i problemi, ma almeno è un inizio.

Ma la vera rivoluzione deve essere nel cervello della gente. Dobbiamo capire che i fiumi non sono dei tubi dell'acqua che possiamo piegare come ci pare. Sono organismi vivi che hanno bisogno del loro spazio. È come con i vicini di casa: se gli rompi troppo le palle prima o poi te la fanno pagare.

E sapete qual è la cosa più assurda? Stiamo spendendo una fracca di soldi per riparare i danni, quando con molto meno potremmo prevenirli. È come comprare continuamente telefonini nuovi invece di comprare una cover decente - alla fine spendi di più e ti incazzi pure.

La verità è che dobbiamo fare pace con i nostri fiumi. Dargli lo spazio che gli serve, rispettarli, mantenerli come si deve. Altrimenti la prossima volta che piove forte non ci basteranno tutti i sacchi di sabbia del mondo per salvare il culo.

CAPITOLO 5 MARE INCAZZATO: COME ABBIAMO FATTO INCAVOLARE PURE LE COSTE

Raga, ora vi devo raccontare un'altra storia di come facciamo sempre casino: le nostre coste. 7.600 chilometri di litorale che stiamo conciando per le feste come se non ci fosse un domani.

Pensate alle cartoline della riviera degli anni '50: spiagge larghe come autostrade, dune belle alte, pinete che non finivano mai. Ora? È tutto un casino di cemento, palazzi a due metri dall'acqua, stabilimenti balneari uno attaccato all'altro come sardine in scatola. Bei geni proprio!

E il mare che fa? S'incazza, e pure di brutto! Si sta mangiando le spiagge pezzo per pezzo, tipo quando hai fame e ti spazzoli un pacco di patatine. Solo che qui invece delle patatine si magna la terra dove abbiamo costruito come dei pazzi.

Secondo i cervelloni dell'ISPRA (quelli che studiano 'ste robe), più del 42% delle coste italiane sta andando a farsi friggere per l'erosione. In Calabria e Sicilia siamo oltre il 60%! È come se ogni anno il mare si pappasse un pezzo d'Italia e noi stessimo lì a guardare come dei salami.

E sapete perché succede sto casino? Prima di tutto perché abbiamo fatto i furbi coi fiumi. "Eh ma che c'entrano i fiumi col mare?" direte voi. C'entrano eccome! I fiumi una volta portavano sabbia al mare, tipo un corriere che consegna pacchi. Ora che li abbiamo ingabbiati con dighe

27

e sbarramenti, la sabbia non arriva più. È come se Amazon smettesse di consegnare: gli scaffali (le spiagge) restano vuoti.

Poi ci sono i porti turistici. Madonna santa, ne abbiamo costruiti più noi che formiche in un formicaio! Ogni sindaco voleva il suo porto, mica poteva essere da meno del comune vicino. Solo che questi porti fanno un casino della madonna con le correnti marine. È come mettere dei mattoni in una vasca piena d'acqua: l'acqua deve andare da qualche parte e di solito va dove non dovrebbe.

E che dire di Venezia? La Serenissima sta diventando più bagnata di un biscotto nel caffellatte! L'acqua alta una volta era una roba che succedeva ogni tanto, ora è diventata più frequente della pubblicità su YouTube. Il MOSE (quella specie di diga super tecnologica che è costata più della finanziaria) fa quello che può, ma è come cercare di fermare un tir con un ombrello.

E ora arriva la parte più da paura: il mare si sta alzando! Non è che un giorno ti svegli e ti trovi l'acqua in cucina, ma piano piano il livello sale. Gli scienziati dicono che entro fine secolo il Mediterraneo potrebbe alzarsi di più di un metro. "Un metro? Che sarà mai!" direte voi. Provate a dirlo a uno che ha il negozio a livello strada a Rimini!

Il Delta del Po? Mamma mia che casino! Quella zona sta sprofondando come il Titanic, solo più lentamente. Da una parte il mare che si alza, dall'altra la terra che si abbassa perché pompiamo troppa acqua dal sottosuolo. È come stare su un'altalena dove da una parte c'è un elefante e dall'altra un criceto - indovinate chi vince?

E le nostre brillanti soluzioni quali sono? Buttiamo tonnellate di sabbia sulle spiagge ogni anno, tipo quando cerchi di riempire una buca che continua a svuotarsi. Costa un botto di soldi e dura quanto un gatto in tangenziale.

Poi ci sono i "pennelli", quelle specie di muri che entrano in mare. Dovrebbero fermare l'erosione, ma spesso fanno solo incazzare il mare che si mangia la spiaggia da un'altra parte. È come spostare la polvere sotto un altro tappeto - il casino rimane, cambia solo posto.

Ma il premio "Genio del Male" va a chi ha pensato bene di distruggere le dune costiere. Quelle collinette di sabbia che sembravano solo un fastidio per vedere il mare dall'ombrellone? Erano le nostre barriere naturali contro le mareggiate, genio! È come togliere l'airbag dalla macchina perché "tanto guido bene".

E ora che il clima sta dando i numeri è pure peggio. Le tempeste sono più forti di prima, tipo come se il mare avesse bevuto tre Red Bull di fila. Le mareggiate arrivano fino a dove non erano mai arrivate. E noi che facciamo? Continuiamo a costruire a due passi dall'acqua come se niente fosse!

Qualcuno sta provando a correre ai ripari con le "infrastrutture verdi costiere". In pratica, invece di fare muri di cemento, cercano di ricreare ambienti naturali che proteggano la costa. Tipo ripiantare le dune, rimettere la vegetazione giusta, fare delle zone umide che assorbano le onde. È come mettere un ammortizzatore naturale tra noi e il mare incazzato.

Ma la verità è che siamo nella merda fino al collo (letteralmente, visto che parliamo di mare che si alza). Non basta più mettere delle pezze qua e là. Serve un piano serio, che guardi al futuro. E magari anche smettere di fare i coglioni costruendo sempre più vicino all'acqua.

Sapete qual è la cosa più assurda? Continuiamo a vendere case vista mare come se non ci fosse un domani. Solo che il "vista mare" potrebbe diventare "sotto il mare" molto prima di quanto pensiamo. È come comprare un biglietto per il Titanic sapendo già che va a sbattere contro l'iceberg.

La verità è che dobbiamo decidere: o impariamo a convivere col mare rispettandolo, o ci prepariamo a diventare la nuova Atlantide. E stavolta non è una figura retorica - è proprio quello che rischia di succedere a pezzi delle nostre coste!

CAPITOLO 6 TUBI DEL CAZZO: I SISTEMI DI DRENAGGIO CHE FANNO ACQUA DA TUTTE LE PARTI

Raga, ora vi devo parlare di una roba che sta letteralmente sotto i nostri piedi ma che ci fa un culo tanto quando piove: i sistemi di drenaggio. Sì, quelle robe che dovrebbero portare via l'acqua quando piove e invece ci fanno ritrovare con le strade tipo piscine olimpioniche.

Prima di tutto, dovete sapere che la maggior parte delle nostre fogne sono più vecchie di mio nonno. Roba costruita quando ancora si andava in giro col calesse, capite? È come usare un Nokia 3310 per fare dirette su TikTok - non può funzionare!

Milano è l'esempio perfetto di come abbiamo fatto casino. La città ha un sistema fognario che risale all'inizio del 1900. All'epoca era una figata pazzesca, roba da far invidia a mezzo mondo. Ma ora? Ora è come avere delle cannucce per bere una cascata. Ogni volta che viene giù un po' d'acqua forte, le strade diventano dei fiumi e i sottopassi delle piscine per sommozzatori.

E il bello è che continuiamo ad aggiungere case, palazzi, centri commerciali, tutti attaccati a sti tubi vecchi come il cucco. È come collegare venti televisori a una presa elettrica del 1950 - prima o poi qualcosa va a fuoco!

E poi c'è la storia delle "acque parassite" - che è tipo il nome di un film horror, ma è pure peggio. Sono tutte quelle acque che finiscono nelle fogne senza che dovrebbero starci: acqua di falda che s'infiltra, perdite degli acquedotti, roba così. È come avere una vasca da bagno già piena e poi aprire pure il rubinetto - per forza che poi straripa!

Ma il premio "Coglione dell'Anno" va a chi ha pensato bene di mischiare le acque di fogna con quelle piovane. Sì avete capito bene: in molte città quando piove, l'acqua pulita del cielo si mischia con... beh, avete capito. Risultato? Quando il sistema va in tilt, vi lascio immaginare che schifezza viene fuori. È come quando ti si intasa il water e premi lo sciacquone - solo che succede in tutta la città!

I depuratori poi... Madonna santa che storia triste! Molti sono stati progettati quando in città c'era meno gente di un paese di montagna. Ora devono gestire il carico di milioni di persone. È come cercare di far passare un elefante da una porta per gatti - non funziona proprio!

E quando piove forte? I depuratori vanno in tilt e scaricano tutto direttamente nei fiumi e nel mare. Bei geni proprio! È come quando hai troppa roba nell'armadio e la butti dalla finestra - solo che qui buttiamo roba molto più schifosa!

E parliamo delle caditoie stradali, quei buchetti che dovrebbero raccogliere l'acqua piovana. La metà sono intasate peggio del naso quando hai il raffreddore! Foglie, cartacce, mozziconi, pure le mascherine del Covid ora - c'è più roba lì dentro che in una discarica. E poi ci stupiamo se quando piove le strade diventano fiumi!

Il bello è che la manutenzione è diventata tipo la unicorno - tutti ne parlano ma nessuno l'ha mai vista. Costa troppo, dicono. È come non fare mai il tagliando alla macchina e poi stupirsi se ti lascia a piedi in autostrada.

E che dire delle "bombe d'acqua" (nome del cazzo per dire che piove tantissimo in poco tempo)? I nostri sistemi di drenaggio sono stati progettati quando la pioggia era più educata, cadeva piano piano. Ora vengono giù delle secchiate che manco il diluvio universale, e i tubi vanno nel panico totale. È come cercare di bere da un idrante - finisci affogato!

In alcune zone poi abbiamo pure abbassato il livello delle strade per fare i garage sotterranei. Geniale proprio! È come scavare una buca e poi lamentarsi che si riempie d'acqua. Chi l'avrebbe mai detto, eh?

Ma ora arriva il bello: le soluzioni moderne. Stanno inventando ste robe che chiamano "sistemi di drenaggio urbano sostenibile". Paroloni da professoroni per dire che invece di fare tutto col cemento, proviamo a far respirare un po' la terra. È come quando dopo anni di junk food ti metti a dieta - fa un po' male all'inizio ma poi ti senti meglio.

Milano per esempio sta facendo sta roba che chiamano "città spugna". In pratica, invece di mandare tutta l'acqua nei tubi, creano delle zone che la assorbono: giardini della pioggia, pavimenti che bevono l'acqua, tetti verdi. Non è che risolve tutti i problemi, ma almeno è meglio che trovarsi coi piedi a mollo ogni volta che vengono quattro gocce.

E poi ci sono i sistemi "smart", con sensori e computer che controllano tutto. Roba che ti dice pure quanta acqua c'è nei tubi in tempo reale. È come avere Waze per le fogne - ti dice dove c'è traffico (d'acqua) e dove sta per scoppiare il casino.

Ma sapete qual è la vera figata? Alcune città stanno proprio ripensando tutto il sistema. Invece di avere solo tubi sottoterra, creano tipo dei percorsi dove l'acqua può scorrere tranquilla quando piove forte. Parchi che diventano laghetti temporanei, piazze che si trasformano in vasche di raccolta - roba così.

Il problema è che costa una fracca di soldi fare ste cose. E indovinate un po'? Nessuno vuole pagare finché non succede il disastro. È come non voler aggiustare il tetto finché non ti piove in testa - solo che quando succede è troppo tardi.

La verità è che dobbiamo proprio cambiare il modo di pensare. Non possiamo più trattare l'acqua piovana come una rottura di palle da mandare via il prima possibile. Dobbiamo imparare a conviverci, a gestirla, a usarla pure.

Altrimenti sapete che succede? La prossima volta che piove forte, invece di chiamare l'idraulico dovremo chiamare direttamente la marina militare. E non sono sicuro che abbiano abbastanza gommoni per tutti!

CAPITOLO 7 LA POLITICA DELLE EMERGENZE: OVVERO COME FARE SEMPRE TUTTO ALL'ULTIMO E MALE

Raga, ora vi spiego come in Italia gestiamo le emergenze tipo alluvioni e frane. È una storia che fa venire il mal di fegato, quindi preparatevi.

Sapete come funziona da noi? È come quando dovete studiare per un esame: aspettate l'ultimo secondo, poi fate una nottata di caffè e Red Bull, e sperate che vada bene. Ecco, con le emergenze facciamo uguale, solo che invece di bocciare un esame ci rimettiamo case e cristiani.

Vi faccio un esempio che spacca: Firenze, 1966. L'Arno fa un casino della madonna, la città va sott'acqua, opere d'arte di valore inestimabile fanno il bagno nell'acqua sporca. Tutti a dire "mai più, ora sistemiamo tutto!". E sapete che è successo dopo? Una sega! Cinquant'anni dopo stiamo ancora a dire "bisognerebbe fare, dovremmo fare..." Ma fare cosa? Un cazzo!

E non è mica finita qui. Sarno 1998, Giampilieri 2009, Genova 2011, e potrei andare avanti per ore. Ogni volta la stessa storia: tragedia, lacrime in TV, politici che promettono mari e monti, poi passa qualche mese e chi s'è visto s'è visto.

Il problema più grosso è che in Italia funzioniamo solo in modalità "panico totale". Quando succede il disastro, tutti impazziti: elicotteri, protezione civile, esercito, vigili del fuoco, pure i boy scout se serve. Buttano soldi come se

35

piovessero (scusa il gioco di parole del cavolo). Ma per prevenire? Zero! Nada! Manco un euro!

È come quando hai la macchina che fa un rumore strano. Che fai? La porti dal meccanico? Macché! Aspetti che ti lasci a piedi in autostrada, poi chiami il carro attrezzi e spendi il triplo. Bei geni proprio!

E i fondi per la prevenzione? Madonna santa che storia triste! Ci sono un sacco di leggi che dicono che bisogna investire per evitare i disastri. Ma quei soldi o non arrivano mai, o arrivano tardi, o vengono usati per altre cose. È come mettere i soldi da parte per comprare l'ombrello ma poi spenderli per le caramelle - tanto che vuoi che sia, mica piove sempre!

E sapete qual è la cosa più assurda? Spesso i lavori di prevenzione costerebbero molto meno che riparare i danni dopo. Ma no, noi preferiamo aspettare il disastro e poi piangere!

Poi c'è la storia delle competenze, che è tipo un gioco dell'oca impazzito. Chi deve occuparsi di prevenzione? La Regione? Il Comune? La Protezione Civile? L'autorità di bacino? Boh! Tutti e nessuno. È come quando in casa nessuno vuole lavare i piatti - alla fine restano sporchi e tutti si lamentano.

E i piani di emergenza? Madonna santa! Alcuni comuni ce l'hanno, altri no, altri ce l'hanno ma sono vecchi come il cucco. È come avere un manuale di istruzioni scritto in aramaico antico - ce l'hai, ma non serve a nulla.

Il bello è quando scatta l'allerta meteo. Metà della gente pensa "esagerati, non succede niente", l'altra metà va nel panico totale e svuota i supermercati come se dovesse arrivare l'apocalisse zombie. Via di mezzo? Mai sentita nominare!

E i politici? Quelli sono i più bravi di tutti. Quando c'è il disastro corrono sul posto, si mettono gli stivali di gomma (sempre nuovi di pacca), fanno la faccia triste per le telecamere e promettono "mai più!". Poi passano due settimane e si sono già dimenticati tutto, come mio zio dopo il terzo bicchiere al pranzo di Natale.

Ma il premio "Genio dell'Anno" va a come gestiamo i soldi per le emergenze. Sapete quanto abbiamo speso negli ultimi 50 anni per riparare i danni delle alluvioni? Più di 300 miliardi di euro! Con tutti questi soldi potevamo mettere in sicurezza l'Italia intera e pure comprarci una piccola isola ai Caraibi come piano B.

Qualcuno sta provando a cambiare le cose. Hanno creato "Italia Sicura" nel 2014, un'idea mica male per gestire meglio il rischio... indovinate quanto è durata? L'hanno chiusa dopo poco tempo. È come comprare l'abbonamento in palestra a gennaio e smettere di andarci a febbraio.

Ora stanno parlando di "resilienza" - parolone fichissimo per dire che dobbiamo imparare a non farci male quando prendiamo le botte. Belle parole, ma intanto continuiamo a costruire dove non si deve e a fare finta che il clima non stia dando i numeri.

La verità è che abbiamo bisogno di un cambio di mentalità TOTALE. Non possiamo più permetterci di aspettare il disastro e poi correre ai ripari. È come guidare bendati sperando di non andare a sbattere - prima o poi finisce male!

Sapete qual è la cosa più triste? Spesso sappiamo benissimo dove sono i problemi. Abbiamo mappe, studi, dati... ma è come avere il navigatore e decidere di andare a caso perché "tanto mi ricordo la strada".

E mentre noi continuiamo a fare gli struzzi con la testa sotto la sabbia, il clima continua a peggiorare, il territorio continua a degradarsi, e la prossima alluvione è dietro l'angolo.

La soluzione? Semplice (da dire):

- Pianificare invece di improvvisare
- Prevenire invece di riparare
- Ascoltare gli esperti invece dei politicanti
- Spendere i soldi prima del disastro invece che dopo

Ma ehi, questo richiederebbe pensare al futuro invece che al prossimo tweet o alla prossima elezione. E sappiamo tutti quanto siamo bravi in questo...

CAPITOLO 8 ZONE ROSSE: DOVE NON DOVRESTI MANCO PARCHEGGIARE LA BICI

Raga, ora vi devo parlare delle zone più a rischio d'Italia, quelle che quando piove forte diventano tipo parchi acquatici, ma senza gli scivoli divertenti.

Sapete che in Italia abbiamo delle mappe che ci dicono dove non si dovrebbe costruire manco una cuccia per cani? Ecco, sono le famose "zone rosse". Solo che invece di starci alla larga, ci abbiamo tirato su case, fabbriche, centri commerciali e pure qualche ospedale, così, per non farci mancare niente.

La Liguria? Mamma mia, quella è proprio nata male! Pensate: montagne ripide che finiscono dritte in mare, torrenti che quando piove diventano tipo le rapide del Colorado, e noi che costruiamo case dappertutto come se stessimo giocando a Minecraft.

Genova poi è il capolavoro supremo. hanno coperto i torrenti per farci passare le strade sopra. È come mettere un tappo nel lavandino e poi stupirsi se l'acqua non scende. Il Bisagno, povero cristo di un torrente, ogni tanto si ricorda che sotto tutto quel cemento c'è ancora lui e allora... boom! Acqua per tutti!

E che dire della Pianura Padana? Quella è tipo una gigantesca vasca da bagno naturale. Il Po, che è già bello nervosetto di suo, lo abbiamo stretto tra argini sempre più alti. È come mettere una cintura troppo stretta a uno che continua a mangiare: prima o poi salta tutto!

La provincia di Mantova è messa così male che se fosse una macchina non passerebbe manco la revisione. Sta in mezzo a tre fiumi - il Po, l'Oglio e il Secchia - che quando si arrabbiano tutti insieme è come avere tre teenager incavolati in casa: non sai da che parte scappare!

Poi c'è la Calabria, povera bella. Lì madre natura si è proprio divertita: montagne friabili come biscotti nel latte, piogge che quando vengono sembrano la fine del mondo, e noi che costruiamo case dove capita. Crotone nel '96 e nel 2018 ha fatto il bis con delle alluvioni che manco Noè se le ricordava così.

E il Vesuvio? Lì abbiamo il premio speciale della giuria: non solo rischi che ti piova in testa, ma pure che ti cada addosso qualche colata di fango bollente. Eppure ci vivono più persone che in certi stati europei! La zona rossa del Vesuvio comprende 25 comuni e 670.000 cristiani. È come fare campeggio sotto una cascata, solo molto peggio.

La Sicilia orientale? Un altro capolavoro! Hai l'Etna che quando non sputa fuoco fa venire giù frane, piogge che sembrano mandate da qualche divinità incavolata, e la gente che costruisce case sui pendii come se stesse facendo un presepe. Giampilieri, frazione di Messina, nel 2009 ha scoperto nel modo peggiore che con la natura non si scherza.

Ma il bello è come gestiamo ste zone rosse. Sulla carta abbiamo dei piani bellissimi: evacuazioni, vie di fuga, sirene d'allarme... Nella realtà? È come quelli che comprano l'abbonamento in palestra a gennaio: belle intenzioni, zero risultati.

Per esempio, il Piano Nazionale per il Vesuvio prevede di spostare la gente in caso di emergenza. Bello! Solo che è come voler svuotare uno stadio usando una porta girevole: impossibile! E poi dove li metti tutti questi cristiani? Mica puoi dire "scusate, andate a fare un giro per qualche mese"!

E i soldi per mettere in sicurezza ste zone? Quelli sono come i biglietti della lotteria: tutti sperano di averli, ma non li vede mai nessuno. Quando arrivano, sono pure pochi e in ritardo, tipo quando ordini una pizza e arriva fredda dopo due ore.

La tecnologia almeno ci sta dando una mano. Ora abbiamo satelliti, sensori, computer che controllano tutto. A Bolzano hanno fatto un sistema che ti dice quando sta per venire giù una frana, tipo un navigatore che invece di "tra 100 metri girate a destra" ti dice "tra 10 minuti scappate a gambe levate"!

Ma il vero problema è che la gente non vuole andarsene da ste zone, anche se sa che sono pericolose. È come stare con un partner tossico: sai che ti fa male ma non riesci a mollarlo. Alcuni ci sono nati, altri ci hanno il negozio, altri ancora non hanno i soldi per andare altrove.

E sapete qual è la parte più assurda? Continuiamo a costruire in queste zone! È come fumare in un distributore di benzina: sai che non dovresti farlo, ma tanto che vuoi che succeda?

Il clima che sta dando i numeri poi non aiuta. Zone che prima erano tranquille ora sono diventate pericolose. È come se stessimo giocando a Risiko ma qualcuno continuasse a cambiare le regole mentre giochiamo.

La verità è che dobbiamo fare delle scelte, e pure toste. O spostiamo la gente dalle zone più pericolose (e buona fortuna a dirlo a chi ci vive), o investiamo una barca di soldi per metterle in sicurezza. Non c'è via di mezzo.

Per ora cosa facciamo? La solita roba all'italiana: aspettiamo che succeda il patatrac, poi ci lamentiamo che nessuno aveva previsto niente. Come se uno che vive sotto una frana non sapesse che prima o poi quella viene giù!

La cosa più triste? Abbiamo pure degli esperti bravissimi che sanno esattamente quali sono le zone più pericolose. Ma li ascoltiamo? Ma quando mai! È come avere il miglior dottore del mondo che ti dice di smettere di mangiare schifezze e tu che continui a fare colazione con patatine e coca cola.

CAPITOLO 9 URBANISTICA CHE NON FA SCHIFO: COME COSTRUIRE SENZA FARE DISASTRI

Raga, ora vi spiego come potremmo costruire le città senza ritrovarci sempre con l'acqua alla gola. Perché a forza di fare le cose alla "tanto piove poco", ci ritroviamo sempre nei guai.

Prima di tutto, dobbiamo capire che non siamo nel videogioco SimCity: non puoi costruire dove ti pare e sperare che vada tutto bene. L'Italia ha una geografia più complicata della trama di Game of Thrones, quindi bisogna usare un minimo il cervello.

Milano sta provando a fare le cose per bene con sto progetto "Città Spugna". Invece di coprire tutto d'asfalto, stanno facendo delle zone che assorbono l'acqua come il vostro coinquilino assorbe la birra al pub. Parchi che quando piove diventano laghetti temporanei, strade che bevono l'acqua invece di allagarsi, tetti verdi che sembrano degli orti pensili di Babilonia moderna.

Rimini pure si è data una svegliata: hanno capito che avere il mare davanti non vuol dire che puoi fare quello che ti pare. Hanno fatto un piano per salvare sia la balneazione che il dietro della città. In pratica, hanno separato le fogne dall'acqua piovana (che non è proprio la stessa cosa, capite a me...) e hanno fatto delle vasche giganti che sembrano piscine ma servono a non allagare tutto.

Sta roba delle "città spugna" l'hanno copiata dai cinesi, che quando si tratta di fare le cose in grande non scherzano mica. L'idea è semplice: invece di far scorrere via l'acqua come se fosse nemica, la fai assorbire, la filtri e magari la riusi pure. È come avere una città che invece di essere tutta cemento è più tipo una foresta urbana.

E che dire dei tetti verdi? Non è solo roba da hipster che vogliono farsi l'orto sul terrazzo. Questi aggeggi assorbono l'acqua quando piove, tengono più fresco d'estate e più caldo d'inverno. È come mettere un cappello di muschio agli edifici, solo che questo cappello fa pure risparmiare sulla bolletta!

I pavimenti permeabili poi sono una figata pazzesca. Invece del solito asfalto che è impermeabile come un preservativo, usano materiali che fanno passare l'acqua. Così quando piove, invece di avere le strade tipo fiumi in piena, l'acqua va sottoterra dove deve stare.

Venezia, che di acqua se ne intende fin troppo, sta facendo dei lavori che sembrano progetti della NASA. Non solo alzano le strade (che è come mettersi i tacchi quando c'è l'acqua alta), ma stanno ripensando tutto il sistema dei canali per gestire meglio l'acqua quando il mare decide di fare lo spiritoso.

Genova, dopo che si è presa più acqua lei che un pesce rosso, ha fatto una cosa intelligente: ha messo una regola che si chiama "invarianza idraulica". In parole povere vuol dire che se costruisci qualcosa di nuovo, devi fare in modo che non peggiori la situazione dell'acqua. È come quando vai a casa di qualcuno: se sporchi, pulisci.

E stanno venendo fuori pure idee per far tornare i fiumi a essere fiumi invece che fogne a cielo aperto. Il Lambro a Milano, per esempio: invece di tenerlo ingabbiato nel cemento come un carcerato, gli hanno ridato spazio per allargarsi quando serve. È come quando slacci la cintura dopo una mangiata: tutti più contenti.

I parchi urbani non sono più solo posti dove portare il cane a fare i bisogni. Li progettano per essere delle specie di spugne giganti quando piove troppo. Il Parco Nord di Milano ha delle zone che quando piove forte diventano dei laghetti, ma controllati, non come quando ti si allaga la cantina.

La novità più figa? Usano i computer per capire dove mettere tutte ste robe. È come avere un videogioco ma invece di sparare agli zombie, progetti una città che non va sott'acqua ogni due per tre.

Ma la vera rivoluzione deve essere nel cervello della gente. Non puoi più permetterti di costruire case come se stessi giocando a Tetris. Bisogna pensare prima a dove metti le cose, come le fai, che materiali usi.

Il problema è che costa una barca di soldi fare le cose per bene. È come quando devi comprare le scarpe: quelle belle e resistenti costano un occhio, mentre le cinesate da due soldi le trovi ovunque. Solo che poi quando piove ti ritrovi con i piedi bagnati!

Alcune città stanno pure ripensando come usare i vecchi edifici invece di costruirne sempre di nuovi. È come quando ricicli i vestiti vecchi invece di comprarne altri: risparmi soldi e non rovini l'ambiente.

La cosa più importante è che ogni città deve pensare al suo caso specifico. Non puoi usare le stesse soluzioni a Milano e a Palermo, è come voler mettere lo stesso vestito a Shaquille O'Neal e a un bambino di 5 anni.

E sapete qual è la parte più assurda? Tutte ste soluzioni alla fine costano pure meno che riparare i danni dopo un'alluvione. È come spendere per una bella giacca impermeabile invece di dover comprare vestiti nuovi ogni volta che piove.

Ma per far funzionare tutto questo serve una cosa che in Italia scarseggia più dell'acqua in estate: la pianificazione. Non puoi più fare le cose alla "vediamo come va". Devi avere un piano, seguirlo, e soprattutto farlo rispettare a tutti.

La verità è che o impariamo a costruire le città pensando all'acqua, o ci dobbiamo abituare a vivere con le pinne ai piedi. Non c'è via di mezzo.

CAPITOLO 10 LA CONTA DEI DANNI: COME BUTTARE SOLDI INVECE DI USARE IL CERVELLO

Raga, tenetevi forte che ora vi faccio vedere che fine fanno i nostri soldini quando l'acqua decide di fare casino. E fidatevi, è una storia che fa più paura di un film horror.

Partiamo con un numero che fa venire il mal di pancia: negli ultimi 50 anni l'Italia ha speso più di 75 miliardi di euro per sistemare i danni delle alluvioni. Con tutti questi soldi ci potevamo comprare tipo tre squadre di calcio con Messi e Ronaldo inclusi!

Vi faccio un esempio fresco fresco: l'alluvione in Emilia-Romagna del maggio 2023. Danni per 8,8 miliardi di euro! È come se avessimo buttato nel water i soldi per costruire tre ponti sullo stretto di Messina (che poi per fortuna non abbiamo fatto, ma questa è un'altra storia).

L'agricoltura prende le botte più grosse. Quando arriva l'acqua, addio raccolto! Non è come quando ti si bagna l'orto sul balcone - qui parliamo di migliaia di ettari che diventano tipo laghi, con dentro trattori che sembrano sottomarini e mucche che nuotano controvoglia.

E le fabbriche? Madonna santa! Quando si allaga una fabbrica è come quando ti cade il telefono nel water, solo che invece di 1000 euro ne perdi milioni. I macchinari vanno a farsi benedire, la produzione si ferma, gli operai restano a casa, i clienti si incavolano...

Il distretto tessile di Prato nel 2019 ha preso una bella botta: fabbriche allagate, stoffe rovinate, ordini in ritardo. E questi già stavano sulle spine per la concorrenza cinese, ci mancava solo l'acqua a fare il resto!

Il turismo poi... Quando vedi Venezia con l'acqua alta in TV, secondo voi quanti turisti dicono "Bello, andiamoci in vacanza!"? È come quando il ristorante finisce su "Cucine da Incubo" - per un po' non ci va più nessuno.

E le infrastrutture? Ogni volta che viene giù un ponte o una strada per un'alluvione, non è solo il costo di ricostruzione - è tutto il casino che crea. La gente non può andare al lavoro, le merci non possono viaggiare, tutti incavolati come bisce. L'alluvione in Liguria del 2011 ha bloccato mezza Italia del Nord, sembrava di essere tornati al Medioevo!

Ma il vero dramma è quello sociale, roba che non puoi misurare coi soldi. Quando l'acqua ti porta via la casa, non perdi solo muri e mobili - perdi ricordi, sicurezza, la sensazione di avere un posto tuo nel mondo. È come se ti cancellassero il telefono con tutte le foto dentro, ma mille volte peggio.

Sarno, quella tragedia del '98, ancora oggi fa venire i brividi. La gente è scappata con quello che aveva addosso, tipo in un film apocalittico. Vent'anni dopo ci sono ancora persone che quando piove forte non dormono la notte. Provate a mettere un prezzo a questa roba.

Pure le scuole ci vanno di mezzo. Quando si allagano, non è solo il danno materiale - sono settimane o mesi di lezioni perse, genitori che devono stare a casa coi figli, un casino sociale che non ti dico. In Sardegna nel 2013 alcune scuole sono state chiuse così tanto che i ragazzini stavano dimenticando come si tiene in mano la penna!

Il sistema sanitario poi va nel pallone totale. Oltre ai feriti diretti dell'alluvione, hai tutti i problemi che vengono dopo: malattie per l'acqua sporca, stress post-traumatico, depressione. È come quando ti ammali di influenza ma poi ti viene pure la bronchite - un problema tira l'altro.

E il patrimonio culturale? Lì è proprio da piangere. Quando l'acqua entra in una biblioteca o in un museo, fa danni che nemmeno tutti i soldi del mondo possono riparare. L'alluvione di Firenze del '66 ha rovinato opere d'arte che valevano più del PIL di qualche nazione piccola.

Le assicurazioni? Bella storia! In Italia quasi nessuno ha l'assicurazione contro le alluvioni. All'estero è normale come assicurare la macchina, qui invece tutti sperano che paghi lo Stato. È come andare in giro senza ombrello sperando che qualcuno te lo presti quando piove.

Il lavoro poi... Quando chiude una fabbrica per alluvione non è che riapre il giorno dopo. Alcuni non riaprono proprio, altri ci mettono mesi. Nel frattempo la gente che ci lavorava che fa? Si gratta la pancia e spera nei sussidi?

La disuguaglianza sociale diventa ancora più grande. Chi ha i soldi si può permettere casa in zona sicura, assicurazione, sistemi anti-allagamento. Chi non li ha si deve arrangiare e pregare che non piova troppo.

Il paradosso è che spesso sappiamo pure come evitare questi danni. Costa meno prevenire che riparare, ma noi continuiamo a fare come quello che non fa il tagliando alla macchina e poi spende il triplo dal meccanico.

La verità è che stiamo buttando via una montagna di soldi per non voler fare le cose per bene. È come comprare un telefonino nuovo ogni volta che si bagna invece di prendere una cover impermeabile - alla fine spendi molto di più.

E mentre noi continuiamo a contare i danni, il clima peggiora e la prossima alluvione è dietro l'angolo. Forse è il caso di darsi una svegliata, no?

CAPITOLO 11 ASSICURAZIONI E FONDI DI EMERGENZA: COME NON COPRIRCI IL DIDIETRO QUANDO SERVE

Raga, ora vi spiego come gestiamo (male) i soldi per le emergenze in Italia. Mettetevi comodi che questa è una storia che fa venire il nervoso più di una coda alla posta.

In Italia siamo speciali: mentre in Francia, Spagna e altri paesi normali la gente si assicura contro le alluvioni come si assicura la macchina, noi andiamo avanti alla "speriamo bene". Sapete quante case sono assicurate contro le alluvioni in Italia? Il 4,5%! È come andare in moto senza casco sperando di non cadere mai.

Vi faccio un esempio che spacca: l'alluvione in Emilia-Romagna del 2023. Su 9 miliardi di danni, sapete quanti erano coperti da assicurazione? Una briciola! Il resto? Tutti a guardare lo Stato come i bambini guardano babbo natale, sperando che tiri fuori i soldi dal cappello.

E lo Stato che fa? Ha questo Fondo per le Emergenze Nazionali che è come il salvadanaio di un bambino delle elementari - troppo piccolo per le spese che deve coprire. È come cercare di svuotare l'oceano con un secchiello.

Nel 2012 qualcuno ha provato a fare una legge per rendere obbligatoria l'assicurazione contro le calamità naturali. Sapete com'è finita? Come tutte le cose sensate in Italia: nel dimenticatoio! È come quando proponi di fare la dieta dopo Natale - belle intenzioni, zero risultati.

Qualche compagnia di assicurazione sta provando a inventarsi prodotti nuovi. Tipo polizze che coprono un po' di tutto: se ti crolla il tetto, se ti si allaga la cantina, se ti viene giù mezza montagna in giardino. Ma la gente continua a pensare "tanto a me non succede", fino a quando succede.

In Veneto hanno fatto un progetto pilota fichissimo: la Regione, le assicurazioni e le università si sono messe insieme per studiare i rischi zona per zona e fare delle polizze su misura. È come quando il sarto ti fa il vestito apposta invece di comprarlo al mercato - costa di più ma almeno ti sta bene.

Ma il problema vero è che siamo abituati male: ogni volta che c'è un disastro, lo Stato deve correre ai ripari. È come quei figli che fanno solo guai ma sanno che tanto papà paga sempre. Non è che così impari la lezione, eh!

Stanno pure spuntando delle soluzioni finanziarie tutte strane, tipo i "catastrophe bonds" (che nome del cavolo!). In pratica sono come dei gratta e vinci al contrario: investi dei soldi e se succede il disastro, almeno ti arrivano i fondi per sistemare. Città del Messico l'ha fatto per i terremoti, noi ancora stiamo a guardare.

La Lombardia nel 2015 ha fatto una cosa intelligente: ha creato un fondo regionale per la prevenzione. Invece di aspettare il disastro, mettono da parte i soldi prima. È come fare il salvadanaio per le emergenze, solo che qui parliamo di milioni di euro, non delle 50 euro per la pizza del sabato sera.

Il problema è che quando arrivano i fondi di emergenza, è come quando arriva l'ambulanza nel traffico: troppo tardi e con troppa confusione. A Genova dopo l'alluvione del 2011 la gente ha aspettato anni per vedere i risarcimenti. Nel frattempo che fai? Vivi in una casa mezza allagata?

E poi c'è il casino della burocrazia. Per avere i soldi devi compilare più carte che per un mutuo, con timbri, firme, certificati... È come se mentre ti sta crollando la casa ti chiedessero di fare un tema su perché è crollata!

La tecnologia potrebbe aiutare un sacco. Ci sono startup che stanno sviluppando sistemi super fighi per calcolare i rischi usando satelliti, computer potentissimi e intelligenza artificiale. È come avere un super cervellone che ti dice "guarda che qui se piove troppo sono guai".

Ma la verità è che serve un cambio totale di mentalità. Non puoi continuare a costruire case in zone pericolose e poi lamentarti se nessuno te le vuole assicurare. È come fumare tre pacchetti al giorno e poi stupirti se l'assicurazione sulla vita costa una fortuna.

Il modello dovrebbe essere tipo quello francese: tutti pagano un pochino per essere assicurati, così quando succede il disastro nessuno resta col sedere per terra. È come la sanità pubblica: paghi le tasse e quando stai male ti curano.

E invece no, noi andiamo avanti col sistema "poi vediamo". Risultato? Ogni volta che c'è un'alluvione è come ricominciare da zero: tutti che corrono come polli senza testa, soldi che non bastano mai, gente che perde tutto.

La cosa più assurda? Se mettessimo tutti una piccola parte dei nostri soldi in un sistema di assicurazione decente, alla fine spenderemmo molto meno che a riparare i danni dopo. È come fare la manutenzione della macchina invece di aspettare che si rompa in autostrada.

Insomma, o ci diamo una regolata e cominciamo a gestire il rischio come si deve, o continueremo a buttare soldi dalla finestra ogni volta che piove troppo. E visti i tempi che corrono, con il clima che fa i capricci, non mi sembra proprio una bella strategia!

CAPITOLO 12 RIDARE VITA AI FIUMI: COME FARLI TORNARE FIUMI INVECE CHE GRONDAIE

Raga, ora vi spiego come potremmo sistemare i casini che abbiamo fatto coi fiumi. Perché dopo averli trattati per anni come fossero tubi dell'acqua, forse è ora di farli tornare ad essere fiumi veri.

Sapete qual è il progetto più figo che stanno facendo? La "Rinaturazione del Po". Un nome che fa tanto professore universitario ma in pratica vuol dire: ridare al Po un po' di libertà invece di tenerlo ingabbiato come un carcerato. Stanno spendendo un botto di soldi del PNRR (i famosi soldi europei) per farlo tornare un fiume vero invece che un canale arrabbiato.

In pratica stanno rifacendo le zone umide, gli stagni, le golene (che è una parola elegante per dire "i posti dove il fiume può allargarsi quando è pieno"). È come quando liberi un tipo che è stato in galera per 30 anni e gli ridai una vita normale.

Gli olandesi questa cosa l'hanno capita prima di noi. Hanno un programma che si chiama "Room for the River", che vuol dire "spazio per il fiume". Invece di fare muri sempre più alti, hanno deciso di dare ai fiumi lo spazio per allargarsi. Praticamente il contrario di quello che abbiamo fatto noi!

In Lombardia sul fiume Olona hanno fatto una roba simile. Invece di tenerlo stretto nel cemento come una salsiccia nel panino, gli hanno dato spazio per respirare. Hanno tolto un po' di cemento, hanno fatto delle aree dove può straripare senza fare danni, hanno rimesso le piante giuste sulle sponde.

Il risultato? Quando piove forte l'acqua non va più a finire nelle cantine della gente ma si sparge in queste zone fatte apposta. È come avere un amico agitato: invece di chiuderlo in uno stanzino, gli dai una palestra dove può sfogare l'energia!

Pure in Emilia-Romagna, sul torrente Marano, hanno fatto una cosa simile. Hanno capito che gli argini non sono l'unica soluzione. A volte è meglio lasciar fare alla natura, che di solito ci capisce più di noi. Hanno tolto un po' di argini artificiali e hanno fatto delle zone dove l'acqua può allargarsi quando serve.

E non pensate che questa roba si possa fare solo in campagna. Anche in città si può! Il Seveso a Milano, che è famoso quanto Chiara Ferragni ma per motivi molto meno piacevoli, stanno pensando di riaprirlo in alcuni punti invece di tenerlo tutto sottoterra come un topo in fogna.

Ma il problema più grosso sai qual è? Lo spazio! In Italia abbiamo costruito dappertutto come se stessimo giocando a Monopoli. Ora dire "ehi, questo pezzo di terra lo diamo al fiume" è come chiedere a uno di demolire il garage per farci un orto: bella idea, ma chi glielo dice?

Il Tagliamento, che è uno degli ultimi fiumi alpini che fa ancora quello che gli pare (nel senso buono), è l'esempio perfetto. Alcuni vorrebbero lasciarlo così com'è, altri vogliono "sistemarlo". È come quando in famiglia non ti metti d'accordo se tenere il divano vecchio che funziona ancora o comprarne uno nuovo che magari fa più scena.

E poi c'è il problema di chi comanda cosa. Sul fiume ci hanno le mani in troppi: la Regione, i Comuni, l'Autorità di Bacino, i Consorzi di Bonifica... È come avere 10 cuochi in cucina che vogliono fare piatti diversi con gli stessi ingredienti. Un casino!

Per far tornare un fiume a essere fiume devi pure convincere la gente che è una buona idea. Molti pensano ancora che più cemento = più sicurezza. È come quelli che pensano che più antibiotici prendi meglio è - non hanno capito proprio come funziona.

La cosa più bella di far tornare i fiumi a essere fiumi è che risolvi un sacco di problemi insieme. Non solo ti allaga meno la città, ma hai pure posti più belli dove fare una passeggiata, l'aria è più pulita, tornano gli animali... È come fare una dieta che oltre a farti dimagrire ti fa pure venire i muscoli!

E sapete qual è la parte più figa? Costa pure meno che continuare a costruire muri e argini sempre più alti. È come quando scopri che la medicina della nonna funziona meglio delle pillole costosissime del dottore.

I parchi fluviali sono un esempio perfetto. Invece di avere un fiume incavolato che quando piove straripa, hai un posto bello dove la gente può andare a fare il pic-nic quando è bel tempo, e quando piove l'acqua ha spazio per allargarsi senza far danni. Come si dice? Due piccioni con una fava!

Pure l'agricoltura deve cambiare. Non puoi più coltivare fino all'ultimo centimetro della riva. Bisogna lasciare delle fasce di rispetto, zone dove il fiume può fare il fiume. È come lasciare un po' di spazio tra te e il vicino antipatico - tutti più tranquilli!

La verità è che i fiumi sono come i teenagers: se cerchi di controllarli troppo, prima o poi si ribellano e fanno casini. Meglio dargli un po' di libertà controllata, farli sentire rispettati, invece di tenerli ingabbiati come bestie allo zoo.

Ma per fare tutte queste belle cose serve una cosa che in Italia scarseggia più dell'acqua in estate: il coraggio di cambiare. Non puoi continuare a fare le cose come le hai sempre fatte e sperare che i problemi si risolvano da soli.

O impariamo a convivere con i fiumi, o prima o poi i fiumi ci faranno capire che non sono tubi dell'acqua. E quando un fiume vuole farti capire qualcosa, di solito lo fa in modo molto, molto bagnato!

CAPITOLO 13 COLLABORAZIONE INTERNAZIONALE: COME FARE SQUADRA INVECE DI FARE CASINO DA SOLI

Raga, ora vi racconto come l'Italia cerca di non fare tutta da sola questo gran casotto dell'acqua. Perché i fiumi e il mare mica sanno leggere le carte d'identità - se ne fregano altamente dei confini!

Pensate che in Europa hanno fatto una specie di grande manuale delle alluvioni (la Direttiva Alluvioni del 2007), tipo le istruzioni dell'IKEA ma per gestire l'acqua che fa i capricci. Ovviamente noi italiani all'inizio l'abbiamo guardata come si guarda il libretto delle istruzioni: "Ma sì, tanto lo sappiamo fare!"

Il bello è che poi ci siamo accorti che magari qualcosa da imparare c'era. Per esempio, nelle Alpi Orientali abbiamo fatto un piano insieme a Austria e Slovenia. Perché indovinate un po'? L'acqua che viene giù dalle montagne se ne sbatte altamente se sei italiano, austriaco o sloveno!

E poi c'è la storia del Po, che nasce in Francia e poi decide di farsi tutto un tour in Italia. Abbiamo pure una commissione apposita con gli svizzeri (la CIPAIS) per gestire i laghi e i fiumi che abbiamo in comune. È come quando hai il giardino condominiale: o ti metti d'accordo con i vicini o finisce a schifio.

Con la Slovenia poi abbiamo fatto un progetto che si chiama VISFRIM (che sembra il nome di un antibiotico ma è molto più figo). In pratica si sono messi insieme cervelloni italiani e sloveni per capire quando l'Isonzo decide di fare il matto. Hanno pure fatto un sistema di allarme transfrontaliero, che è come avere un gruppo WhatsApp internazionale per le emergenze acquatiche.

Nel Mediterraneo poi facciamo parte del progetto MEDICANES (altra parolona che sembra una medicina). È una specie di club dove Italia, Grecia, Spagna e Francia studiano quei cicloni mediterranei che quando arrivano fanno più casino di una banda di ultras dopo il derby.

E sapete la cosa più figata? L'Università di Bologna coordina un progettone europeo che si chiama OPERANDUM. Ci lavorano 26 partner da 13 paesi diversi. È come avere una super squadra di cervelloni che invece di giocare a calcio cercano di capire come non farci affogare tutti.

La parte bella è che ogni tanto ci copiamo le idee buone degli altri. Per esempio, dagli olandesi (che di acqua se ne intendono più di Nettuno) abbiamo preso l'idea di dare più spazio ai fiumi invece di tenerli stretti come sardine in scatola.

E poi ci sono i satelliti! Insieme all'Agenzia Spaziale Europea stiamo sviluppando dei sistemi per vedere dall'alto quando sta per scatenarsi il putiferio. È come avere una super telecamera che ti fa vedere dove sta per piovere a dirotto, solo che invece di essere sul palo della luce sta nello spazio.

Pure nella formazione facciamo squadra con gli altri. All'UNESCO-IHE nei Paesi Bassi (che è tipo l'università dell'acqua), ci vanno un sacco di italiani a imparare come si gestiscono queste rogne. È come andare a scuola dai maestri, solo che invece di imparare le tabelline impari come non far affogare la gente.

E per le previsioni meteorologiche? Facciamo parte del GloFAS, che è tipo un super cervellone europeo che ti dice dove e quando potrebbe esserci un'alluvione. È come avere un amico che sa sempre se devi portare l'ombrello, solo che questo amico è grande quanto l'Europa!

Ma la parte più bella è che l'Europa ogni tanto ci sgancia pure dei soldi per fare le cose per bene. Ci sono i fondi strutturali europei (FESR e compagnia bella) che sono come il salvadanaio della zia ricca che ti aiuta a sistemarti casa.

Per esempio, il progetto LIFE PRIMES in Emilia-Romagna, Marche e Abruzzo: soldi europei per insegnare alla gente come non farsi trovare con le mutande calate quando arriva l'alluvione. È come un corso di sopravvivenza, ma invece di imparare ad accendere il fuoco con due legnetti impari a non farti portar via la macchina dall'acqua.

Però non è tutto rose e fiori eh! A volte mettersi d'accordo con gli altri paesi è più difficile che organizzare una cena di Natale in famiglia. Ognuno ha le sue leggi, le sue abitudini, le sue fisime. È come quando devi decidere dove andare a mangiare con gli amici: uno è vegetariano, l'altro vuole la pizza, il terzo è a dieta...

E poi c'è il problema dei dati sensibili. Non puoi mica dire tutto a tutti! È come sui social: alcune cose le condividi, altre te le tieni per te.

La verità è che non possiamo più fare gli Indiana Jones dell'acqua e pensare di cavarcela da soli. Il clima sta dando i numeri ovunque, non solo in Italia. O facciamo squadra con gli altri o sono cavoli amari per tutti.

Però ehi, almeno una cosa buona c'è: tutta questa collaborazione ci sta facendo capire che forse non siamo così scarsi come pensiamo. Anzi, in alcune cose siamo pure bravi! È come quando vai all'estero e scopri che la pizza la sanno fare bene solo da noi.

Il futuro? O impariamo a lavorare insieme o ci tocca comprare tutti una barca. E visti i prezzi della benzina, forse è meglio darsi da fare con la prima opzione!

CAPITOLO 14 LA TECNOLOGIA CHE CI SALVA IL SEDERE: COME NON FARSI FREGARE DALL'ACQUA

Raga, ora vi spiego tutte le diavolerie tecnologiche che usiamo per cercare di non fare la fine dei pesci rossi quando piove. E qua si che si vedono i soldi spesi bene (per una volta)!

Prima di tutto c'è il DEWETRA, che non è una medicina per il mal di pancia ma un sistemone della madonna fatto dalla Fondazione CIMA con la Protezione Civile. È come avere un super cervellone che tiene d'occhio tutto: pioggia, fiumi, terra che viene giù, pure quante volte starnutisci. Ok, l'ultima no, ma quasi.

Poi abbiamo i satelliti di Copernicus (che non è un personaggio di Harry Potter ma un programma dell'Unione Europea). Questi aggeggi nello spazio ci mandano foto così precise che ci vedi pure le pozzanghere. È come avere Google Maps ma in diretta e che ti dice pure dove sta per venire giù il finimondo.

E l'intelligenza artificiale? Madonna santa, quella sta dappertutto! Il CNR ha fatto un progetto che si chiama FLOOD-IMPAT+ (altro nome che sembra un medicinale). In pratica hanno insegnato ai computer a prevedere le alluvioni meglio di mia nonna col mal di ossa!

E i droni? Quelli sono una figata pazzesca! In Emilia-Romagna li usano per controllare gli argini dei fiumi come se fossero dei piccioni robot. Durante l'alluvione del

2023 sono stati più utili di un ombrello nel deserto - volavano dappertutto a vedere dove era il casino più grosso.

Poi ci sono i modelli matematici super sofisticati del CMCC (Centro Mediterraneo per i Cambiamenti Climatici). Questi qui sono così precisi che ti dicono pure quante gocce cadranno sul balcone di zia Pina. Ok, forse esagero, ma quasi.

In Toscana hanno fatto una roba che spacca: il progetto FLOOD-serv. Hanno messo un sacco di sensori a poco prezzo sparsi per il territorio, tipo quelli che ti dicono se hai lasciato la luce accesa in garage. Solo che questi ti dicono se sta per arrivarti l'acqua in casa!

E che dire della realtà virtuale? Il Politecnico di Milano ha fatto un sistema dove puoi vedere come sarebbe la città durante un'alluvione. È come giocare ai videogiochi, solo che invece di sparare agli zombie impari a non farti fregare dall'acqua.

Poi c'è l'Internet delle Cose (IoT per gli amici). In Veneto hanno messo degli aggeggi super fighi sugli argini del Bacchiglione. È come mettere delle spie che ti dicono "ehi, qui sta per cedere tutto!". Molto meglio che aspettare di vedere l'acqua in salotto!

E i social media? Li usano pure per capire dove sta succedendo il casino! Il progetto CROWD4SAT prende le foto che la gente posta su Instagram e compagnia bella e le usa per capire dove c'è l'acqua alta. È come avere milioni di reporter sul campo, solo che invece di fare servizi per il TG fanno i selfie!

La blockchain poi (quella roba dei Bitcoin, per capirci) la stanno usando in Lombardia per tenere traccia di tutti i dati ambientali. È come avere un super registro che non puoi imbrogliare manco se ci provi - ogni goccia d'acqua viene registrata!

A Bologna hanno messo un computer così potente che fa impallidire quello della NASA. Si chiama "Leonardo" e fa calcoli così complicati che ti dice pure se domani devi metterti le ciabatte o gli stivali di gomma.

Il 5G poi lo stanno provando a L'Aquila per gestire le emergenze. È come avere WhatsApp ma con gli steroidi - ti manda talmente tanti dati in tempo reale che pure Flash farebbe fatica a stargli dietro!

Ma non è tutto oro quello che luccica eh! Ci sono un po' di problemini:

Primo: tutti sti sistemi fighi costano più di una Ferrari. E indovinate chi deve cacciare i soldi? Esatto, noi con le tasse!

Secondo: bisogna tenere tutto al sicuro dai pirati informatici. Che ti immagini se qualcuno si mette a fare casino coi sistemi di allarme? La gente che scappa perché pensa che arriva il diluvio universale e invece c'è il sole!

Terzo: c'è talmente tanta roba da controllare che manco Matrix ce la farebbe. È come cercare di guardare 100 partite di calcio contemporaneamente!

Il futuro però sembra figo: stanno arrivando robe tipo i "digital twins" (che non sono gemelli veri ma copie virtuali delle città). Praticamente puoi simulare tutto prima che succeda - tipo giocare ai Sims ma con le alluvioni vere.

La verità è che tutta sta tecnologia è una figata pazzesca, ma non serve a nulla se poi non la usiamo bene. È come avere l'ultimo iPhone e usarlo solo per giocare a Snake.

E ricordatevi una cosa: la tecnologia più figa del mondo non può fare miracoli se continuiamo a costruire case dove non si deve e a trattare i fiumi come fossero tubi dell'acqua!

CAPITOLO 15 LA GENTE NORMALE AL POTERE: COME NON STARE A GUARDARE MENTRE L'ACQUA CI PORTA VIA

Raga, ora vi racconto come pure noi comuni mortali possiamo dare una mano invece di stare sul divano a guardare i telegiornali che parlano di alluvioni.

Vi ricordate i cantonieri dell'ANAS? Quelli che una volta stavano nelle casette rosse lungo le strade? Erano tipo i guardiani del territorio. Sapevano tutto: dove l'acqua faceva casino, dove la terra veniva giù, pure dove le talpe facevano le tane. Ora? Ora abbiamo i satelliti, ma non è la stessa cosa.

In Liguria, dopo che si sono presi più acqua loro che un pesce nell'acquario, hanno fatto una cosa intelligente: il progetto "Sentinelle del Territorio". Praticamente hanno addestrato dei volontari a tenere d'occhio i fiumi. È come avere un sacco di detective dell'acqua sparsi per la regione, solo che invece di cercare criminali cercano zone a rischio.

E in Toscana? Lì hanno fatto "Adotta un corso d'acqua". Non è che ti porti il fiume a casa come un cagnolino, ma quasi. Scuole, associazioni, gente normale che si prende cura di un pezzo di fiume. Lo tengono pulito, controllano che non faccia scherzi, gli vogliono pure bene!

La Protezione Civile ha inventato sto progetto che si chiama "Io non rischio". Portano in piazza dei volontari che ti spiegano come non farti fregare quando arriva il casino. È come avere degli amici che invece di insegnarti a fare i cocktail ti insegnano a non affogare!

A Genova hanno fatto pure il Museo delle Alluvioni! Non è che ci vanno a vedere l'acqua in vetrina, ma ti fanno capire che cavolo succede quando un fiume s'incavola. I ragazzini delle scuole ci vanno in gita e tornano a casa che sembrano piccoli esperti di idraulica.

E poi ci sono le app per fare i cittadini-scienziati. L'Università di Bologna ha fatto FLOODMAP: vedi acqua dove non dovrebbe esserci? Apri l'app, fai una foto, e aiuti gli scienziati a capire dove va a finire tutta sta acqua. È come essere 007 dell'alluvione!

I social network poi sono diventati più utili di un ombrello quando piove. Comuni, protezione civile, tutti usano Facebook e Twitter per dire alla gente "ehi, sta arrivando il diluvio, non è il momento di fare jogging!". Il problema è che in mezzo ci sono pure i soliti fenomeni che scrivono fake news tipo "ho visto un coccodrillo nel fiume"...

Ma la cosa più figa sono i "Contratti di Fiume". Sembra una roba da notaio ma è molto più ganzo: gente normale che si mette insieme per decidere come gestire un fiume. Comuni, agricoltori, pescatori, ambientalisti, pure quello che ha il bar sulla riva - tutti insieme a dire la loro. È come un condominio, solo che invece di decidere se cambiare la portinaia decidono come non farsi portare via dalla piena!

In Trentino hanno fatto una roba bella: il progetto "Memoria degli Eventi Alluvionali". Vanno in giro a intervistare i vecchietti che si ricordano tutte le volte che l'acqua ha fatto casino. È come avere un archivio vivente, solo che invece di documenti polverosi hai i ricordi di gente che c'era quando succedeva il patatrac.

Le scuole poi stanno facendo un lavoro della madonna. In Emilia-Romagna hanno sto progetto "La Grande Macchina del Mondo": i ragazzini imparano tutto sui fiumi e l'acqua. È come fare scienze, solo che invece di studiare le rane morte imparano come non farsi fregare dalla prossima alluvione.

Ma i problemi non mancano eh! Prima di tutto c'è il casino di capire a chi cavolo devi chiedere le cose. Vuoi segnalare un problema? È come giocare a "Indovina chi": chiami il Comune? La Regione? La Protezione Civile? L'idraulico di tuo cugino?

E poi c'è la mentalità del "tanto non succede niente". È come quelli che fumano 3 pacchetti al giorno e ti dicono "ma va, mio nonno ha fumato fino a 90 anni!". Finché non ti ritrovi con l'acqua in casa non ci credi che può succedere pure a te.

Quello che servirebbe sono dei nuovi "cantonieri digitali": gente che conosce il territorio come le proprie tasche ma sa pure usare tutta la tecnologia moderna. Come dei supereroi dell'ambiente, ma invece della calzamaglia hanno lo smartphone!

La verità è che non possiamo più permetterci di stare a guardare. Non basta lamentarsi su Facebook quando succede il casino. Bisogna darsi da fare PRIMA:

69

- Informarsi su dove si vive
- Capire i rischi
- Sapere cosa fare se succede il patatrac
- Dare una mano a tenere pulito e controllato il territorio

È come quando giochi a calcetto: se stai fermo aspettando che gli altri corrano, prima o poi ti arriva una palla in faccia. Solo che qui invece della palla è l'acqua, e fa molto più male!

La cosa più importante? Ricordarsi che il territorio è come una casa: se non lo curi va a rotoli. E nessuno lo può curare meglio di chi ci vive sopra tutti i giorni.

CAPITOLO 16 IL FUTURO: COME NON FARE I COGLIONI TRA VENT'ANNI

Raga, ora vi spiego come potremmo evitare di ritrovarci sempre nella stessa zuppa in futuro. Perché va bene piangere sul latte versato, ma sarebbe meglio non versarlo proprio!

Prima di tutto, stanno facendo una roba fichissima che si chiama "Italia in 3D". Non è un film della Marvel, ma un progetto dell'Istituto Geografico Militare che sta facendo una copia digitale dell'Italia così precisa che ci vedi pure i sassi. È come avere Google Maps ma con i super poteri!

Poi c'è questa idea delle "Nature-Based Solutions" (che è un modo fighetto per dire "facciamo come fa la natura"). Il progetto "ReNature Italy" sta mappando tutti i posti dove invece di fare muri di cemento possiamo usare alberi, piante e roba naturale per non farci fregare dall'acqua.

Milano sta proprio cambiando faccia con sto progetto "Milano 2030". Invece di essere una città che quando piove diventa una piscina, vogliono farla diventare una specie di spugna gigante che beve l'acqua invece di farsela scivolare addosso.

La Fondazione CMCC (quelli che studiano il clima) sta facendo degli scenari sul futuro che fanno venire i brividi. Non è fantascienza, è roba tipo "tra 20 anni qui farà così caldo che i pinguini li vedremo solo nei documentari".

Almeno però ci prepariamo, invece di fare come quelli che vanno in montagna in infradito!

Stanno pure inventando l'architettura "anfibica". Non è che le case nuotano come i pesci, ma quasi! Gli olandesi (che di acqua se ne intendono più di Nettuno) fanno già case che galleggiano quando c'è l'acqua alta. Noi ci stiamo pensando per le zone costiere, che non si sa mai...

Il progetto "HydroHUB" del CNR è una specie di Facebook per chi tiene d'occhio l'acqua. Tutti possono segnalare problemi, mandare foto, dire "ehi, qui sta succedendo un casino!". È come avere milioni di occhi sul territorio, solo che invece di guardare i gattini su Instagram guardano se sta per arrivarti l'acqua in cantina.

E la Protezione Civile? Sta diventando più tecnologica di Iron Man! Droni che volano da soli, realtà aumentata, sensori dappertutto. L'hanno chiamato "Protezione Civile 4.0", che fa molto film di fantascienza ma è roba vera!

L'Università di Padova sta studiando pure la parte psicologica con un progetto che si chiama "PsychoHydro" (nome da film horror ma roba seria). Perché non basta salvare il sedere alla gente, bisogna pure evitare che gli venga un esaurimento ogni volta che vede due nuvole!

Stanno pure pensando a come salvare i monumenti in modo più furbo. L'Istituto per la Conservazione e il Restauro sta sviluppando delle barriere intelligenti per proteggere le opere d'arte. Non è che metti l'impermeabile alla Gioconda, ma quasi!

Il progetto "FloatingItaly" è una collaborazione con gli olandesi per fare palazzi che non vanno nel panico quando c'è l'acqua alta. Invece di fare come oggi che costruiamo e poi preghiamo che non piova, fanno le cose pensando già che prima o poi l'acqua arriva.

E i soldi per fare tutte ste cose? La Regione Emilia-Romagna ha inventato il "Resilience Bond", che è come un mutuo ma invece di comprarci casa ci compri la sicurezza dal diluvio. Se funziona bene lo copieranno tutti!

Ma la cosa più importante che stanno facendo è ripensare come dare le informazioni alla gente. Il progetto "InfoHydro" usa la realtà virtuale per farti capire che succede durante un'alluvione. È come un videogioco, solo che invece di sparare agli zombie impari a non farti fregare dall'acqua vera!

Tutto bello, tutto figo, ma ci sono pure un sacco di problemi da sistemare:

1. I soldi: tutte ste belle cose costano più di un rene al mercato nero
2. La burocrazia: per fare qualsiasi cosa ci vogliono più carte che per sposarsi
3. La gente che non vuole cambiare: "Eh ma si è sempre fatto così!"
4. I politici che pensano solo alle prossime elezioni invece che ai prossimi 50 anni

La verità è che abbiamo tutte le tecnologie e le idee per fare le cose per bene. È come avere una Ferrari ma non saper guidare: non è che ti manca la macchina, ti manca il cervello per usarla!

Quello che serve è:

- Smettere di costruire come dei pazzi dove non si deve
- Dare più spazio alla natura invece che al cemento
- Usare il cervello prima che arrivi il disastro
- Far lavorare insieme gente che di solito si guarda in cagnesco

Il futuro può essere meno bagnato se vogliamo. Ma dobbiamo darci una mossa ora, non quando ci ritroviamo con l'acqua alla gola!

E ricordatevi: o ci svegliamo adesso o tra vent'anni staremo ancora qui a dire "eh ma chi se lo aspettava?". Solo che magari lo diremo dal gommone mentre andiamo a fare la spesa!

Volete che facciamo le conclusioni finali di tutto sto bordello?

CONCLUSIONI METTIAMO UN PUNTO (NON IN ACQUA) A STA STORIA

Raga, siamo arrivati alla fine di questo viaggio nell'Italia che fa acqua da tutte le parti. E che viaggio! Più movimentato di una gita scolastica con la classe peggiore della scuola.

Ricapitoliamo un attimo che casino abbiamo visto:

- L'Italia è nata storta di suo, con montagne ballerine e fiumi nervosetti
- Noi ci abbiamo messo il carico costruendo dove capitava
- Il clima sta dando i numeri come un matematico impazzito
- I fiumi li abbiamo trattati peggio dei criceti in gabbia
- Il mare si sta mangiando le coste come fossero patatine
- Le fogne sono più vecchie di mio nonno
- Quando succede il casino, corriamo come polli senza testa

Ma la cosa più assurda qual è? Che sappiamo benissimo come sistemare le cose! È come avere la ricetta della torta perfetta ma continuare a bruciare quella surgelata.

Abbiamo visto che:

- La tecnologia c'è ed è più figa di un film di fantascienza
- I soldi dell'Europa ci sarebbero pure (se non li sprechiamo in cavolate)
- Gli esperti che sanno il fatto loro non mancano
- Pure la gente normale potrebbe dare una mano se solo glielo spiegassimo

Ma allora perché continuiamo a fare acqua da tutte le parti? Perché siamo testoni come muli! È come quelli che continuano a fumare anche se sanno che fa male.

Il problema vero è che in Italia facciamo sempre tutto all'ultimo, tipo gli studenti la notte prima dell'esame. Aspettiamo che arrivi il disastro e poi tutti a correre come matti. Ma così non si va da nessuna parte, o meglio, si va dritti a mollo!

E sapete qual è la cosa più ridicola? Spendiamo più soldi a riparare i danni che a prevenirli. È come comprare un telefono nuovo ogni volta che si bagna invece di prendere una cover impermeabile.

Allora, che dobbiamo fare per non ritrovarci sempre con l'acqua alla gola?

1. Smetterla di fare i furbi con la natura. Non siamo più forti noi, mettiamocelo in testa!
2. Usare tutti questi aggeggi tecnologici che abbiamo invece di tenerli lì a prendere polvere come la cyclette in salotto

3. Dare retta a chi ne sa più di noi invece di fare sempre di testa nostra come i quindicenni ribelli
4. Spendere i soldi PRIMA che succeda il casino, non dopo (rivoluzionario eh?)
5. Far lavorare insieme la gente invece di fare ognuno per i cavoli suoi
6. Smetterla di costruire case dove manco le capre andrebbero a vivere

La verità è che o ci diamo una svegliata o prima o poi ci toccherà imparare a nuotare. E non per sport, per sopravvivenza!

Ma ehi, non tutto è perduto! Abbiamo le teste, abbiamo i mezzi, abbiamo pure i soldi (quando non li buttiamo dalla finestra). Dobbiamo solo decidere se vogliamo essere quelli che il problema lo risolvono o quelli che stanno sul divano a lamentarsi mentre gli arriva l'acqua in casa.

Quindi raga, che si fa? Continuiamo a fare come le tre scimmiette (non vedo, non sento, non parlo) o ci diamo una mossa?

Perché la prossima volta che piove forte, non vale lamentarsi dicendo "eh ma chi lo sapeva?". Ora lo sappiamo tutti. La domanda è: che cavolo facciamo per evitare il prossimo bagno?

FINE (Ma speriamo non in fondo al mare)

GLOSSARIO DA STRADA
"PARLARE L'ACQUESE: IL DIZIONARIO PER NON AFFOGARE NEI PAROLONI"

A

ALLUVIONE: Quando il fiume si stufa di stare nel suo letto e decide di venire a dormire a casa tua.

ARGINI: Quei muretti che costruiamo vicino ai fiumi pensando di essere più furbi dell'acqua. Spoiler: di solito vince l'acqua.

B

BACINO IDROGRAFICO: Tutta la zona dove, se ci piove sopra, l'acqua finisce nello stesso fiume. Come quando al bar tutto lo spritz rovesciato finisce sulle tue scarpe.

BOMBA D'ACQUA: Nome fighetto per dire che viene giù talmente tanta pioggia che manco Noè saprebbe che fare.

C

CANALIZZAZIONE: Quando prendi un fiume tutto curvy e lo fai diventare dritto come un righello. Funziona quanto mettere a dieta un ippopotamo.

CADITOIA: Quei buchetti per strada che dovrebbero mangiare l'acqua piovana. Di solito sono più intasati del traffico all'ora di punta.

D

DISSESTO IDROGEOLOGICO: Quando il territorio va a rotoli perché l'abbiamo trattato peggio di un materasso in una casa di studenti.

DRENAGGIO: Il sistema che dovrebbe far scorrere via l'acqua. Come i buchi nella pasta per far scolare, solo che qui spesso sono tappati.

E

EROSIONE COSTIERA: Quando il mare si mangia la spiaggia come te davanti a un piatto di spaghetti. Anno dopo anno, la spiaggia diventa sempre più piccola.

F

FALDA ACQUIFERA: L'acqua che sta sotto terra. Come una tavoletta di cioccolato nascosta nel cassetto, solo che questa serve davvero.

FRANA: Quando la montagna decide di trasferirsi a valle senza preavviso. Tipo un trasloco improvviso, ma molto più pericoloso.

G

GEOMORFOLOGIA: Lo studio di come è fatta la terra. Come quando guardi le rughe della nonna, ma con le montagne.

GOLENA: La zona vicino al fiume dove l'acqua può allargarsi quando è piena. Come l'elastico dei pantaloni dopo le feste di Natale.

I

IDRAULICA: La scienza che studia come si muove l'acqua. Come guardare il traffico di Milano all'ora di punta, ma con l'acqua invece delle macchine.

IMPERMEABILIZZAZIONE: Quando copri il terreno con cemento e asfalto. È come mettere un preservativo alla terra - non passa più niente.

L

LAMINAZIONE: Quando fai delle vasche per far calmare il fiume incazzato. Come il giardino dove fai sfogare il cane iperattivo.

M

MAREGGIATE: Quando il mare si sveglia col piede storto e decide di venire a fare un giro in città.

MITIGAZIONE: Tutti i trucchetti che usiamo per far meno danni. Come mettere i paraurti al carrello della spesa.

MONITORAGGIO: Controllare che non succedano casini. Come quando tieni d'occhio tuo fratello piccolo che gioca col pallone in salotto.

P

PIENE: Quando il fiume si gonfia come tuo zio dopo il pranzo di Natale. Solo che invece di addormentarsi sul divano, allaga tutto.

PERMEABILITÀ: La capacità del terreno di bere l'acqua. Come la spugna del bagno vs. il pavimento di marmo.

PRECIPITAZIONI: Nome scientifico per dire "piove". Se lo dici così sembri più intelligente.

R

RESILIENZA: La capacità di non farsi troppo male quando arrivano i casini. Come quando cadi dalla bici ma ti rialzi subito.

RINATURALIZZAZIONE: Quando finalmente capisci che la natura ne sa più di te e la lasci fare. Come quando smetti di tingere i capelli e torni al colore naturale.

S

SUBSIDENZA: Quando il terreno si abbassa piano piano. Come quando il divano vecchio sprofonda sempre di più.

SISTEMA FOGNARIO: La rete di tubi sottoterra che dovrebbe portare via l'acqua. Come l'intestino della città, solo che spesso è più intasato.

T

TOMBINATURA: Quando copri un fiume come se fosse un pacco regalo che non vuoi vedere. Spoiler: prima o poi il regalo si spacchetta da solo.

U

URBANIZZAZIONE: Quando riempi di cemento ogni spazio libero come se stessi giocando a Tetris. Solo che qui non puoi fare "game over" e ricominciare.

V

VASCA DI LAMINAZIONE: Una specie di piscina gigante che costruisci per far calmare il fiume quando è nervoso. Come la sala relax di una spa, ma per l'acqua arrabbiata.

VULNERABILITÀ: Quanto sei nella cacca se succede un casino. Come quando vai in giro senza ombrello e inizi a vedere le nuvole nere.

Z

ZONA ROSSA: Area dove non dovresti manco parcheggiare la bici, figuriamoci costruirci casa. Come sedersi vicino al bullo della classe: prima o poi ti arrivano guai.

BONUS:

INVARIANZA IDRAULICA: Regola che dice: se costruisci qualcosa di nuovo, l'acqua deve avere lo stesso spazio di prima per scorrere. Come quando riorganizzi l'armadio: se metti roba nuova, qualcosa di vecchio deve uscire.

CITTÀ SPUGNA: Il sogno di ogni urbanista moderno: una città che beve l'acqua invece di farsela scivolare addosso. Come passare dalla carta oleata alla carta assorbente.

Fine del glossario!

- **LE PAROLACCE DELL'ACQUA** (Il vocabolario incazzato dell'idrogeologia)

ACQUA DI M...ALTA: Quella schifezza marrone che ti ritrovi in cantina dopo l'alluvione. Non è Nutella, non assaggiare.

BORDELLO IDRAULICO: Quando tutti i sistemi di drenaggio vanno a donnine allegre insieme. Come quando al bar ordinano tutti insieme e il cameriere va nel panico.

CASINO METEOROLOGICO: Quando il meteo fa quello che gli pare. "Sole con possibili schiarite" = diluvio universale.

DEFLUSSO DEL CAVOLO: Quando l'acqua decide di andare dove le pare invece che dove abbiamo previsto noi. Come il gatto che ignora la cuccia da 100 euro e dorme nella scatola.

EMERGENZA DELLA FAVA: Quando dichiarano l'emergenza dopo che è già tutto allagato. Come chiamare i pompieri quando la casa è già cenere.

- **ALTRE PAROLACCE DELL'ACQUA** (Il dizionario degli incazzati del settore)

FOGNE DEL PIFFERO: Sistema di scarico progettato evidentemente da un bambino delle elementari con le costruzioni Lego.

GRAN CASINO IDROGEOLOGICO: Termine tecnico per dire "qui è tutto un bordello e non ci capisce più niente nessuno".

IDRAULICA DI SERIE B: Quando i lavori li ha fatti il cugino del cognato che "lui se ne intende".

MANUTENZIONE ZERO: La filosofia del "tanto piove poco" applicata alle infrastrutture idriche.

PIANIFICAZIONE ALLA CARLONA: Quando il piano anti-alluvione l'hanno fatto la sera prima al bar dopo tre spritz.

POLITICA DEL CAVOLO: Quando aspettano che succeda il disastro per fare qualcosa. Come studiare la sera prima dell'esame.

- **SEMPRE PIÙ INCAZZATI CON L'ACQUA** (Il vocabolario dei traumatizzati dall'alluvione)

RISCHIO DEL MENGA: Quando ti dicono "tranquillo, è tutto sotto controllo" ma tu vedi il fiume che sale come la pressione di tua madre quando fai tardi.

SCEMPIO URBANISTICO: Quando hanno costruito case dove manco i pesci andrebbero a vivere.

TOMBINI TAPPATI: Come il naso quando hai il raffreddore, solo che invece di moccio è pieno di foglie, cartacce e speranze perdute.

URBANISTICA DEL PIFFERO: Quando il piano regolatore l'ha fatto uno che giocava troppo a SimCity.

VASCHE DI LAMINAZIONE FANTASMA: Quelle che dovevano fare 10 anni fa ma sono rimaste sulla carta come la dieta di gennaio.

OPERE INCOMPIUTE: Come i compiti delle vacanze - tutti sanno che andrebbero fatte ma nessuno le fa.

- **IMPRECAZIONI DA PROTEZIONE CIVILE**
(Quello che vorrebbero dire ma non possono)

ALLERTA ROSSA MIA NONNA: Quando il sistema di allerta funziona come l'oroscopo di Paolo Fox.

BASTAVA GUARDARE FUORI: Quando tutti i super computer meteorologici servono quanto guardare il cielo dalla finestra.

CITTADINI COLLABORATIVI UN CAVOLO: Quando metti l'allerta ma la gente va lo stesso a fare jogging nel fiume in piena.

DOVE CAVOLO SONO I FONDI: Il mantra quotidiano di chi deve gestire le emergenze con due spiccioli e una paletta.

EMERGENZA DE 'STO STIVALE: Quando l'Italia fa acqua da tutte le parti (letteralmente).

- **BESTEMMIE DEL METEOROLOGO**
(Quando il meteo ti sfotte in diretta TV)

"AMPIE SCHIARITE" COL CAVOLO: Quando hai previsto sole e invece viene giù il diluvio universale in diretta nazionale.

BASSA PRESSIONE 'STA CIPPA: Quando l'anticiclone che doveva proteggerci se ne va in vacanza alle Maldive.

CUMULONEMBI DEL PIFFERO: Quando le nuvole decidono di fare rave party proprio sopra la tua città.

DALLA SALA METEO PORCO....: Quando tutti i modelli meteorologici vanno in tilt insieme come un concerto di gatti arrabbiati.

"EVOLUZIONE INCERTA" UN CORBELLO: Modo elegante per dire "non ci ho capito una mazza ma devo dire qualcosa in TV".

Box informativi

- **LO SAPEVI CHE...** (Fatti assurdi ma veri sull'Italia che fa acqua)

BOX 1: "RECORD DEL CAVOLO" Lo sapevi che a Genova in 6 ore può venire giù tanta acqua quanta ne vede Milano in 6 mesi? È come se qualcuno si bevesse 100 spritz in un'ora - non può finire bene.

BOX 2: "CITTÀ SPUGNA O CITTÀ COLABRODO?" Lo sapevi che Milano sta spendendo più soldi per diventare una "città spugna" di quanti ne spendiamo per la pizza in un anno? E considerando quanto mangiamo pizza, è dire tanto!

BOX 3: "FOGNE D'EPOCA" Lo sapevi che molte fogne italiane sono più vecchie di tua nonna? Alcune risalgono all'epoca in cui pensavamo che la terra fosse piatta. E si vede.

BOX 4: "VENEZIA AFFONDA" Lo sapevi che Venezia si sta abbassando più velocemente di quanto ci mettiamo noi a sprofondare sul divano? E il MOSE (quella specie di diga super costosa) fa più capricci di un bambino al supermercato.

- **ALTRI BOX "LO SAPEVI CHE..."** (Roba che non ti dicono ai telegiornali)

BOX 5: "IL PO FA IL BULLO" Lo sapevi che il Po si è alzato talmente tanto che ora in alcuni punti scorre più in alto delle case vicine? È come avere un'autostrada sospesa piena d'acqua - che può andare storto?

BOX 6: "RECORD MONDIALE (MA NON DI QUELLI BELLI)" Lo sapevi che l'Italia ha il record europeo di cemento nelle zone a rischio alluvione? È come costruire un castello di sabbia quando sta arrivando l'onda - geniale proprio!

BOX 7: "COSTA CHE TI COSTA" Lo sapevi che ogni anno il mare si magna pezzi di spiaggia grandi come 3 campi da calcio in certe zone? È come se qualcuno stesse giocando a Pac-Man con le nostre coste.

BOX 8: "SOLDI BUTTATI IN ACQUA (LETTERALMENTE)" Lo sapevi che spendiamo più soldi a riparare i danni delle alluvioni che a prevenirle? È come comprare 10 telefoni nuovi invece di una cover protettiva per quello che hai.

- **ALTRI BOX "MA DAVVERO?!"** (Fatti che ti fanno cadere la mascella)

BOX 9: "CANTONIERI ESTINTI" Lo sapevi che una volta c'erano i cantonieri che controllavano le strade e i fossi tutti i giorni? Ora li abbiamo sostituiti con le telecamere, che però non sanno togliere le foglie dalle caditoie. Geniale!

BOX 10: "LA MATEMATICA NON È UN'OPINIONE" Lo sapevi che con i soldi spesi per riparare i danni delle alluvioni negli ultimi 50 anni avremmo potuto mettere in sicurezza TUTTA l'Italia e pure comprarci una piccola isola ai Caraibi come piano B?

BOX 11: "ASSICURAZIONE? CHE ROB È?" Lo sapevi che solo il 4,5% delle case italiane è assicurato contro le alluvioni? In Francia è obbligatorio, da noi è come la cintura in macchina negli anni '80: "Tanto non serve..."

BOX 12: "PREVISIONI DA BARA" Lo sapevi che alcuni dei nostri sistemi di allerta sono così vecchi che quando furono installati c'era ancora la lira? È come usare un Nokia 3310 per fare dirette su TikTok.

- **ALTRI BOX "MA CHE DAVERO?!"** (Roba che ti fa venire un colpo)

BOX 13: "IL METEO BAMBINO" Lo sapevi che fino agli anni '90 le previsioni del tempo si facevano praticamente guardando il cielo e leccandosi un dito per vedere da che parte tirava il vento? Ora abbiamo super computer che sbagliano in modo molto più scientifico!

BOX 14: "TOMBINI SOCIAL" Lo sapevi che a Milano stanno mettendo dei tombini "intelligenti" che mandano messaggini quando sono intasati? È come avere una fogna su Instagram, solo che invece di foto di aperitivi posta "AIUTO, STO SCOPPIANDO!"

BOX 15: "VENEZIA INFLUENCER" Lo sapevi che l'acqua alta a Venezia ha più followers dei Ferragnez? C'è pure un'app che ti dice quando devi metterti gli stivali di gomma o noleggiare una canoa.

BOX 16: "CEMENTO CHE PASSIONE" Lo sapevi che in Italia abbiamo cementificato un'area grande quanto l'intera Liguria? È come mettere un cappotto impermeabile a un intero pezzo d'Italia e poi lamentarsi che suda!

- **ALTRI BOX "ROBA DA MATTI!"** (Fatti che ti fanno venire voglia di emigrare)

BOX 17: "LA SAGA DEL MOSE" Lo sapevi che il MOSE di Venezia è costato più della missione su Marte della NASA? E indovina un po': quando c'è la nebbia non si vede dove sono le paratoie. In pratica abbiamo fatto un'opera spaziale che va in tilt con la foschia veneta!

BOX 18: "FRANE DA RECORD" Lo sapevi che in Italia abbiamo catalogato più frane di tutto il resto d'Europa messo insieme? Siamo tipo i collezionisti di figurine delle frane, solo che invece dell'album ci riempiamo i giornali.

BOX 19: "LA MAPPA DEL TESORO (AL CONTRARIO)" Lo sapevi che abbiamo delle mappe precise di tutte le zone a rischio, ma continuiamo a costruirci sopra come se fossero indicazioni per trovare il posto migliore? È come vedere il cartello "NON ENTRARE, COCCODRILLI" e decidere di fare un tuffo.

BOX 20: "L'ARTE DEL RATTOPPO" Lo sapevi che alcune delle nostre opere idrauliche sono tenute insieme con più rattoppi di una camera d'aria di bicicletta? Continuiamo a metterci pezze invece di cambiarle, tipo quando continui a usare il cellulare con lo schermo rotto.

- **ALTRI BOX "MA CHE STIAMO A FA'?!"**
  (Fatti che ti fanno venire il nervoso)

BOX 21: "LA PROTEZIONE (IN)CIVILE" Lo sapevi che quando danno l'allerta rossa, circa il 70% della gente se ne sbatte e continua la vita normale? È come quando tua madre ti dice "metti la sciarpa che fa freddo" e tu esci in canottiera.

BOX 22: "L'IDRAULICA CREATIVA" Lo sapevi che in alcune città i tubi delle fogne sono così vecchi che nessuno sa più dove passano? Gli operai quando devono ripararli giocano a "trova il tubo" come fosse Battlefield.

BOX 23: "IL MISTERO DEI FONDI SCOMPARSI" Lo sapevi che spesso i soldi per la prevenzione finiscono in progetti tipo "studio di fattibilità dello studio di fattibilità"? È come spendere i soldi del pranzo per decidere dove andare a pranzo.

BOX 24: "LA MEMORIA CORTA" Lo sapevi che nelle zone colpite da alluvioni, dopo 5 anni la gente ricomincia a costruire negli stessi posti allagati? È come tornare con l'ex che ti ha tradito 7 volte perché "questa volta è diverso".

- # GUIDA DI SOPRAVVIVENZA: "COSA FARE SE..." (Il manuale del perfetto sopravvissuto all'acqua italiana)

-

COSA FARE SE... ARRIVA L'ALLUVIONE

PRIMA CHE ARRIVI L'ACQUA: ✓ Prepara uno zaino con:

- Documenti (messi in una busta impermeabile, mica scemi)
- Medicinali (che con l'umidità ti viene pure il raffreddore)
- Powerbank carico (che senza Instagram come fai?)
- Torcia (no, la luce del cellulare non basta)
- Acqua e snack (l'acqua che ti circonda non è potabile, fidati)
- Un cambio di vestiti (meglio non girare in mutande)

✓ In casa:

- Sposta roba importante ai piani alti (no, il televisore nuovo non può nuotare)
- Tappa le fessure con stracci/paraspifferi
- Parcheggia l'auto in zona alta (non è un sottomarino)
- Stacca gas e corrente (l'elettricità e l'acqua non sono amiche)

DURANTE L'EMERGENZA: ✖ NON FARE:

- Il fotografo coraggioso per i social
- Il nuotatore olimpionico
- L'eroe che salva la macchina
- Quello che dice "Ma quanto vuoi che sia grave?"

✓ FARE:

- Segui le indicazioni della Protezione Civile
- Sali ai piani alti
- Tieni la radio accesa
- Chiama i soccorsi se sei in pericolo

- **ALTRI SCENARI: "COME NON FARE LA FINE DEL PESCE ROSSO"**

SE SEI IN MACCHINA QUANDO ARRIVA L'ACQUA:
✓ DA FARE:

- Esci subito se vedi che l'acqua sale (la macchina non è un pedalò)
- Cerca un punto alto (no, il tettuccio dell'auto non conta)
- Non attraversare MAI strade allagate (neanche se hai il SUV della NASA)
- Se sei bloccato, metti le quattro frecce e chiama aiuto (112, non tua madre)

SE SEI A SCUOLA/LAVORO: ✓ REGOLE BASE:

- Segui il piano di evacuazione (esiste apposta, non è un soprammobile)
- Non correre a prendere la macchina (diventerà un sottomarino)
- Resta nell'edificio se è sicuro (meglio annoiati che affogati)
- Avvisa i familiari che stai bene (ma non fare dirette Instagram)

SE VIVI IN ZONA A RISCHIO: ✓ DA TENERE SEMPRE PRONTO:

- Piano di fuga (studiato prima, non mentre l'acqua ti arriva al collo)
- Punto di ritrovo con la famiglia (no, il bar non vale come punto di ritrovo)
- Kit di emergenza (non solo birre e patatine)
- Numeri utili salvati (e telefono carico)

- **CONSIGLI DA SOPRAVVISSUTI: "COME NON FARE CASINI"**

COME CAPIRE SE SEI NELLA CACCA (PRIMA DI ESSERCI DAVVERO): ✓ SEGNALI DA NON IGNORARE:

- Il meteo fa più allerte di tua madre quando esci
- I vecchi del paese dicono "Qui una volta era tutto campagna allagata"
- La tua cantina si allaga pure quando lavi il pavimento
- Il tuo palazzo si chiama "Residence Vista Fiume" ma il fiume è a 2 metri

KIT DI SOPRAVVIVENZA DEL VERO PRO: ✓ ROBA DA AVERE SEMPRE PRONTA:

- Stivali di gomma (non le tue Converse preferite)
- Radio a batterie (no, Spotify non funziona sott'acqua)
- Cartina della zona (Google Maps potrebbe essere in modalità piscina)
- Copie dei documenti (anche in cloud, che non si sa mai)
- Batterie di scorta (perché quando serve non ne hai mai abbastanza)
- Ciabatte impermeabili (le infradito di Ibiza non vanno bene)

COME FARE MENO DANNI POSSIBILI: ✓ REGOLE D'ORO:

- Non fare l'eroe da social
- Non guidare nella corrente
- Non bere l'acqua che trovi in giro
- Non toccare cavi elettrici (neanche per fare storie su Instagram)

- **GLI ULTIMI CONSIGLIONI DEL SOPRAVVISSUTO PROFESSIONISTA**

QUANDO L'ACQUA SE NE VA (FINALMENTE): ✓
COSA NON FARE:

- Non correre subito in cantina (non è il momento di recuperare le tue figurine vintage)
- Non accendere subito la corrente (a meno che non vuoi diventare una lampadina umana)
- Non bere l'acqua del rubinetto (potrebbe essere più sporca della coscienza di un politico)
- Non postare 47 storie su Instagram (prima sistema, poi fai l'influencer)

✓ COSA FARE INVECE:

- Documenta i danni (foto e video, ma non in diretta TikTok)
- Aspetta il via libera dei tecnici (anche se ti prudono le mani)
- Disinfetta tutto (tipo quando pulisci casa che deve venire la suocera)
- Butta via il cibo contaminato (anche se era la tua scorta di snack preferiti)

IL <u>DECALOGO</u> DEL SOPRAVVISSUTO FINALE:

1. L'acqua non è tua amica quando decide di venire a trovarti in casa
2. La protezione civile ne sa più di tuo cugino che ha visto un video su YouTube
3. Gli stivali di gomma sono più importanti delle scarpe firmate
4. Il meteo non ce l'ha con te personalmente, ma quasi
5. La cantina non è un posto sicuro per la tua collezione di vinili
6. Il tetto è meglio del garage quando c'è l'alluvione
7. L'assicurazione costa meno di ricomprare tutto
8. I social possono aspettare, la tua vita no
9. L'acqua alta non è un'attrazione turistica
10. Se proprio devi fare una diretta social durante l'alluvione, almeno falla da un posto sicuro (e possibilmente asciutto)

RICORDATI SEMPRE: "Meglio essere quello paranoico che ha preparato tutto e non serve a niente, che quello figo che poi deve farsi prestare gli stivali dal vicino!"

CITAZIONE FINALE DEL SAGGIO SOPRAVVISSUTO: "L'acqua è come i parenti: bella da vedere, ma meglio non averla troppo tempo in casa!"

FINE DELLA GUIDA (Speriamo di non doverla mai usare, ma tienila a portata di mano... in un posto asciutto!)